彩图5-1 绍兴1号

彩图5-2 晨香

图5-3 早霞玫瑰

彩图5-4 红旗特早玫瑰

5-5 弗雷无核

彩图5-12 乍娜

彩图5-13 维多利亚

彩图5-14 京亚

彩图5-15 玫瑰香

彩图5-16 紫皇无核

彩图5-17 东方之星

彩图5-18 红提（红地球）

彩图5-19 阳光玫瑰（夏音马斯卡特）

彩图5-20 克瑞森无核

彩图5-21 紫乳无核

彩图5-22 天山

彩图5-23 金手指

彩图5-24 翠峰

彩图5-25 醉金香

彩图5-26 温克

彩图5-27 峰后

彩图5-28 达米娜

彩图5-29 瑞香无核

彩图5-30 巨玫瑰葡萄

彩图5-31 东方蓝宝石

彩图5-32 摩尔多瓦

彩图5-33 北丰

彩图6-1 葡萄黑痘病

彩图6-2 葡萄霜霉病

彩图6-3 葡萄房枯病

彩图6-4 葡萄白腐病

彩图6-5 葡萄灰霉病

彩图6-6 葡萄炭疽病

彩图6-7 葡萄扇叶病

彩图6-8 葡萄缺锌

彩图6-9 葡萄缺铁症

彩图6-10 葡萄缺硼症

彩图6-11 葡萄缺钾症

彩图6-12 葡萄缺镁症

图说设施葡萄高效生态栽培技术

王志鹏　孙培博　主编

化学工业出版社

·北京·

内 容 简 介

本书主要内容包括葡萄栽培设施建设、设施栽培的生态环境特点与控害减灾增收技术、葡萄的生物学特性、葡萄的苗木培育、设施葡萄生态栽培技术、设施葡萄生态生产病虫害综合防治技术以及设施葡萄生态生产的科学施肥和科学灌溉等。书中总结、汇集了作者从事设施果树栽培试验、示范、指导推广工作多年来取得的点滴经验和心得体会，内容简单实用、通俗易懂。

本书适合广大果树科技工作者、果农以及农业院校相关专业师生等阅读参考。

图书在版编目（CIP）数据

图说设施葡萄高效生态栽培技术/王志鹏，孙培博主编．—北京：化学工业出版社，2021.4
ISBN 978-7-122-38546-8

Ⅰ.①图… Ⅱ.①王…②孙… Ⅲ.①葡萄栽培-图解 Ⅳ.①S663.1-64

中国版本图书馆 CIP 数据核字（2021）第 030045 号

责任编辑：张林爽　　　　　　　文字编辑：张春娥
责任校对：李雨晴　　　　　　　装帧设计：刘丽华

出版发行：化学工业出版社（北京市东城区青年湖南街 13 号　邮政编码 100011）
印　　装：大厂聚鑫印刷有限责任公司
880mm×1230mm　1/32　印张 5¾　彩插 4　字数 156 千字
2021 年 5 月北京第 1 版第 1 次印刷

购书咨询：010-64518888　　　售后服务：010-64518899
网　　址：http://www.cip.com.cn
凡购买本书，如有缺损质量问题，本社销售中心负责调换。

定　　价：36.00 元

编写人员名单

主　　编：王志鹏　孙培博

副主编：于倩倩　孙兴华　孙喜临

参　　编：孙振华　江　峰　谭世廷　张秀云

摄　　影：谭世廷

序

　　葡萄设施栽培，近年来有了较大的发展，栽培技术逐渐成熟、完善，取得了不少成功经验，这对农民增收致富、改善市场供应发挥了很好的作用。

　　农业技术措施要因地、因时、因品种而宜，要取得栽培成功，需要在作物生长、生产全过程中，通过系统科学的观测，适时、准确、合理的技术组合，以及执行严格科学的操作规程才能实现。

　　孙培博同志从事设施农业技术工作50多年，有着丰富的实践经验和技术研究成果。多年来，他在葡萄设施栽培生产实践中，积累了系统的科学管理知识，创造出了优质、丰产、高效的技术成果，他认真总结经验，写成《图说设施葡萄高效生态栽培技术》一书。该书内容丰富，技术细致、新颖，针对性和操作性强，对指导设施葡萄生产有很好的借鉴作用和推广应用价值。如能在此基础上以主栽品种为对象，在更大范围内进行试验比较，取得科学数据，制定标准技术规程，对促进设施葡萄生产的发展、指导农民增收致富将发挥更大的作用。

（中国工程院院士，果树学专家——编者注）

改革开放以来，我国果树生产得到了突飞猛进的发展，到 2018 年全国果园面积已达 1187.5 万公顷，水果总产量达 25688.35 万吨。不论是栽培面积还是果品产量，都居世界各国之首位。果品生产已经成为振兴农村经济、增加农民收入的主要项目之一，并且为出口创汇、丰富市场供应做出了重大贡献。

近十多年来，随着城乡人民生活水平的提高、果品市场的变化，果品生产的栽培方式发生了明显改变，果树设施栽培异军突起、发展迅速，仅在短短的几年中，山东、河北、辽宁、北京、天津等省、市都出现了一大批较大规模的设施果树栽培基地，使我国设施栽培果树面积迅速超过了世界设施果树栽培总面积的 50%，其中设施葡萄栽培尤为突出。在我国北方地区，由于设施果树的发展，实现了全年各个时期都有新鲜水果上市的繁荣景象，并取得了较高的经济效益。

我们在 2014 年就编写出版了《图说设施葡萄标准化栽培技术》一书，书中总结、汇集了我们从事设施葡萄栽培试验、示范的各种模式，介绍了葡萄设施栽培与病虫害综合防治新技术，推广几十年来取得的经验和创新技术，以求对葡萄设施栽培有所补益。

而经过多年的生产实践，我们发现，随着设施栽培面积的迅速发展，也出现了各种各样的问题，例如：

① 设施内多种灾害，特别是药害、冷害（包括通风闪叶危害）、高温危害（包括日灼危害）、肥害、缺素症、水涝灾害、病虫害等灾害频繁发生，损失严重。

② 整地不合理，不起垄栽植，不覆盖地膜，土壤温度低、热土层薄，发根量少、扎根浅、根系活性差，头重脚轻，树体的地上部分与地下部分生长发育失调。

③ 施肥不合理，有机肥料严重不足，速效化学肥料大量施用，特别是大量施用氮磷钾三个等量的复合肥。钾、钙、镁、铁、锌等大中微量元素肥与生物菌肥极少施用，甚至不施用，诱发土壤酸化和盐渍化、土体板结、土壤退化，土壤缺钙、缺镁等生理性病害频繁发生。

④ 浇水次数过多、浇水量太大，诱发枝条旺长，制约根系发育，发根量少、扎根浅，管理用工多；设施内空气湿度高，真菌、细菌性病害严重。

⑤ 温度调控不科学，特别是升温过急，花前温度偏高，引起发芽不整齐、果穗退化；开花期温度偏高，影响授粉、受精，坐果率低，制约了产量的提高。

⑥ 单纯追求产量，不注意提高果实品质，不注意花穗管理，果穗不整齐；不进行疏果，果粒不均匀，生产的果品含糖量低、色泽差、销售价格低，经济效益差，回头客户少，销售困难。

⑦ 频繁喷洒化学农药，甚至喷洒高毒、高残留农药，产品农残量高，危害消费者身体健康。

⑧ 绝大多数设施葡萄只追求春促成早熟栽培，极少有秋延迟栽培，基本没有秋冬栽培。葡萄品种较少，产品种类匮乏，夏秋市场饱和、售价低，冬春几乎无鲜品上市，市场供应期短，不能满足与适应市场需求。

以上这些问题的存在，大大制约了我国设施葡萄栽培经济效益与产品质量的提高。

为此，我们又重新编写了《图说设施葡萄高效生态栽培技术》一书，以求快速推广、普及设施生态葡萄栽培新技术，保护、优化生态环境，生产优质高档绿色果品，获取高额效益，并确保环境安全与消费者身体健康。

本书主要供从事设施葡萄栽培的果农以及从事葡萄研究和教学的朋友们参考，希望能引起各位的兴趣，共同研究探讨，对繁荣我国的设施葡萄栽培有所帮助。

由于水平所限，书中难免有疏漏和不妥之处，期望广大同行给予批评、指正。

孙培博

2020 年 6 月 30 日

目录

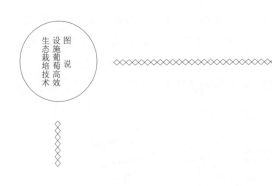

图说
设施葡萄高效
生态栽培技术

第一章
葡萄栽培
设施建设

第一节
目前温室建设中的误区

设施生态葡萄生产基地，要选择远离工矿企业所在地、居民集中居住区、医院、垃圾场、污水处理场、动物养殖场与交通干线的地段建设。产地的环境质量应符合以下要求：土壤环境质量符合 GB 15618 中的二级标准；农田灌溉用水其水质符合 GB 5084 的规定；环境空气质量符合 GB 3095 中的二级标准和 GB 9137 的规定。

目前在设施（温室、大棚）建设中，除存在地段选择上没有严格按照生态生产要求进行外，还存在着其他较多的误区，具有普遍性且比较突出的问题有以下几方面。

(1) 温室的采光面不科学 温室的采光面有些仍然采用一面坡型或抛物线型，如某地温室第五代棚型（图 1-1），较少采用大拱圆型。一面坡型温室主要缺点如下：

① 一面坡型温室采光面角度较小，太阳入射角大，室内光照弱、温度低、湿度高，难以取得较高经济效益。

② 一面坡型和抛物线型温室，特别是一面坡型温室其采光面比较平，薄膜难以压紧，遇到大风天气，薄膜容易上下扇动，薄膜

上鼓时吸进冷空气、下压时排出热空气，诱使室内迅速降温。

③ 一面坡型结构抗压性能差，并且下雪时采光面积雪面积大，清扫积雪用工量也大，而一旦积雪多时，还会压塌设施。2007年元宵节前辽宁大连地区和山东半岛的大雪压垮了大量温室，几乎全是这种结构的。

图1-1　某地温室第五代棚型坡面角度

（2）设施内深挖土壤弊端多　建设温室时向地下深挖80厘米以上，有的挖深达150厘米左右，后墙、山墙过厚，占压面积大，有的温室墙体厚度达7米以上。为了达到所需厚度，设施内表层土壤、甚至厚度80～150厘米的表层和较好的土层全部被用于建墙，采用这种建筑方式存在如下缺陷：

① 采用此种方法建造的温室，可耕种土地面积仅占占压土地面积的60%左右，有的不足50%，土地利用率低。

② 深挖后耕作层土壤被取走，底层土壤肥力差，土壤熟化程度低，2～3年内难以获得高额产量；当雨季来临时，积水难以排除，内涝严重，有时长达2～4个月的时间棚内不能种植作物，温室利用率大大降低。特别是在雨水多的情况下，棚体经雨水浸泡容易倒塌。2012年夏秋雨水较多，大批此类温室都被浸泡倒塌，据北京、河北、天津等地菜农反映，此类温室倒塌率达60%～90%，即便是没有倒塌的也因长期积水而无法施行栽培，损失严重。

③ 向地下挖掘越深，温室内地表面积越大。而土壤是热量传

递的良好导体，不但地面向下传热，四壁亦向四周传热，挖得越深，散热面积越大，室内热量向地下和四周散发得就越多，室内热量损失亦越多，则室内温度越低。

④ 地表土壤含有大量水分，土壤中的水分会通过土壤表面向空气中散发，向下挖得越深，地表面积越大，土壤水分蒸发量也越多（图 1-2），则室内空气湿度越高，病害越重。

图 1-2　向下挖掘墙壁散发水分状

实际上在严寒季节，土壤是冻土层，室外低温寒冷，温室内的热量只能来自太阳光的辐射。热量平衡规律是：由高温处向低温处散发热量，温室内温度高于室外，耕作层土壤温度高于地下与四周土壤温度，昼夜 24 小时当中，室内热量分分秒秒都在通过土壤表面向地下和温室四周向外释放，通过墙体传递向室外释放。如果墙外无保温层，即使墙体再厚，墙体的热量也不会或极少向室内释放。因此，建设过厚的墙体没有实际意义，只能降低土地利用率。

保温的关键措施是应在墙外设置保温层，可用更换下来的旧薄膜把墙体包裹严密，并在薄膜与墙体之间填充一层 20 厘米左右厚的碎草，或在墙体外面增设泡沫塑料板作保温层，以阻止墙体热量向室外释放。如此处理后，即便是 80~100 厘米厚的墙体，其保温效果也会优于 5~7 米厚的墙体。

因此，温室建设绝不能向地下挖掘，应平地建设。向下挖掘、建大厚度墙体温室，不但浪费土地、降低土地利用率，而且也浪费劳力和增加了成本，这是适得其反的错误做法。

（3）温室过于高大　有不少温室高度达 5 米以上、宽度达 12 米还多。这种温室不但投资大、土地利用率低，大大增加了管理难度，而且经济效益低。因为只要宽度增大必然缩小了采光面与地面的夹角，增大了太阳光的入射角（阳光射线与采光面垂直线的夹角），阳光射入率低，室内光照弱、温度亦低。例如北纬 35°地带，在冬至这天中午时，温室采光面平均角度为 15°时，阳光入射角为 43.4°，光线入射率显著下降。温室采光面平均角度为 20°时，太阳光入射角为 38.4°，阳光入射率可显著高于前者。

此外，光照强度和温度在温室内都随着高度的下降而降低，温室建得越高，其地面和 1 米左右高处的光照强度越弱，室内叶幕层处温度越低，其土壤温度更低。作物根系的生长发育必将受到低土壤温度的制约，发根少、扎根浅、活性差，极不利于作物的生长发育和光合作用的提高，不但管理难度大，而且经济效益低下。

（4）温室操作房建设位置不合理　温室的操作房建在一端，有的还在温室采光面的一端开门（图 1-3），这样不仅缩短了温室内耕作带长度和减少了室内栽培面积，降低了经济效益，而且进出温室也极不方便。温室内每 1 平方米的土地，一般可收入 300～400 元，管理好的可收入 500 元以上。温室操作房一般占地 4 平方米左右，则温室面积就减少了 4 平方米，每年减少收入千元以上，十几年就

图 1-3　在温室采光面的一端开门图

会少收入万元以上。因此操作房应建在温室的后部，在温室的后墙上开门，利用温室后墙作操作房的前墙，既减少投资，又能充分利用土地，提高经济效益。操作房应建成平顶房，夏天可以摆放温室覆盖物如保温被之类，可减少上保温被时的搬运用工，又不占压土地。

（5）温室开门太大或者太小 多数采用单门的温室，门开大了不保温（图1-4），开小了又进出不便，所以，一般开门高160厘米左右、宽80厘米左右比较适宜。温室门应该采用双层门，在温室后墙的墙外和墙里各设置一门，封闭要严密，这样进出温室时，双门之间有一缓冲带，减少并防止了室内外冷热空气的对流，也可以防止室门洞开，诱发室内急速降温。

图1-4 开门太大状

（6）室内不设防寒沟 土壤是热量传递导体，室内土壤热量每时每刻都通过土壤自身向室外冻土层散失。因此，必须在室内四周，沿边缘开挖20～25厘米宽、30～40厘米深的沟，沟内填满碎草并踏实，作防寒沟使用。

如此处理，不但可预防土壤热量向室外传递，而且沟内碎草吸潮，可降低室内湿度。碎草发酵后会释放热量与二氧化碳，最后变成有机肥料，既可以肥田、提高土壤温度，又能增强光合效能，提高室内作物产量。

第二节
设施建设的基本要求

目前，在我国北方农村，用于葡萄栽培的设施主要有两种形式，即节能日光温室和拱圆式塑料大棚。

一个合格的栽培设施必须具有以下特点：一是透光性能良好，光照利用率高；二是增温快，保温性能良好；三是易于操作，便于管理，利于通气；四是结构牢固，防风性能良好，使用寿命长；五是易于建设，且投资较少。为实现上述要求，在建设时要力求做到：

（1）选地 设施栽培葡萄怕水涝，建棚选地时，要注意选择那些地势高燥，大雨过后不积水，易于排水，地下水埋深低于2米，灌溉条件良好，土壤肥沃，土质松散，透气性好，土层较深，保肥、保水性能良好，且背风向阳，东、西、南三面无高大建筑物和树木遮阳，交通方便的地段。为生产绿色、有机果品，选地还需注意远离城镇、工矿企业、医院、垃圾处理场和交通干线，选择土壤、空气、灌溉水无污染的地段。

（2）坐向 拱圆式大棚，需南北向建设，南北向拱棚透光性能良好，棚内光照均匀。

日光温室应东西向建设后墙，建成坐北朝南并偏西（阴）3°～5°为好。这样的方向，接受阳光时间长，光能利用率高。若因地形、地势等原因，达不到以上要求，也应尽力调整，使之在偏西10°至偏东5°范围内。具体方法为：正午前后，在地面插一根垂直标杆，通过观察，选取其最短投影画线段，然后作其垂直线，再以该垂直线为准，西向偏阴3°～5°画直线，所画直线，即为温室后墙方向的基准线。

另一方法为：记录清晨日出和傍晚落日时的准确时间，连续记录2～3天，计算出近日的正中午的时间，然后在正中午时间内于地面插垂直标杆，按其阴影画线段，作其垂直线，再以该垂直线为准，西向偏阴5°画直线，所画直线，即为温室后墙方向基准线。

例如：某地清晨日出时间为5点10分、落日时间为6点40分，第二天清晨日出时间为5点20分、落日时间为6点30分。根据前两天的规律，推算出第三天日出时间大体在5点30分、落日时间在6点20分左右，其中间时间计算为5点30分＋（12点－5点30分＋6点20分）÷2＝5点30分＋6点25分＝11点55分。根据计算，在第三天上午11点55分在地面插垂直标杆，按其阴影画线，作其垂直线，再以该垂直线为准，西向偏阴5°画直线，所画直线，即为温室后墙方向基准线。

（3）设施大小 建拱圆式大棚，必须根据当地的风力情况决定拱棚的大小、高矮。当地风力较大，大风频繁，拱棚可建得小一些，其南北长 50 米左右、东西宽 8 米左右、棚高不超过 2.2 米为宜。若当地风力较小，没有大风，拱棚可建得大些，长 80 米左右、宽 10 米左右、棚高 2.5 米左右为宜。

建日光温室，其东西长 50～80 米比较适宜，若长度短于 40 米，则温室体积偏小，保温性能降低，遇到严寒天气，室内易发生冷害或冻害（表 1-1）；若长度超过 100 米，则拉盖草苫的时间加长，管理又不方便。

表 1-1　清晨 8 时不同长度温室的平均室内温度变化 单位:℃

温室长度/米	室外温度				
	−3	−5	−7	−9	−12
32	10.3	9.1	7.2	4.3	2.2
43	10.7	10.1	8.7	7.1	5.3
51	11.3	10.3	9.2	8.9	8.1
61	11.7	10.4	9.5	9.1	8.7

（4）温室采光面角度　采光面角度（图 1-5）在一定程度上决定了太阳入射角的大小。研究得知，太阳光的入射率与太阳入射角关系密切。当入射角在 0°～40°范围内时，光线的入射率变化不明显，而当入射角大于 40°以后，随入射角增大，其入射率（透光率）

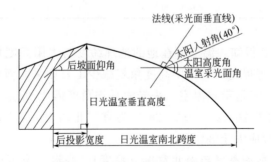

图 1-5　温室各种角度示意图

急剧下降。

图1-5表明，温室采光面的角度＝90°－太阳高度角（阳光射线与地平面的夹角）－太阳入射角（40°）。因此温室采光面的角度，应根据温室所在地的太阳高度角来决定。太阳高度角决定于当地的纬度。例如：在北纬35°左右地区，其"冬至"日中午时的太阳高度角为31.6°（表1-2）。太阳高度角在一天之中中午最大（表1-2），早晨出太阳和傍晚落日时为零，随着太阳的升高角度增大，中午过后又慢慢下降。设计日光温室采光面角度时，不但应根据当地太阳高度角计算，还应把太阳高度角适当减少5°～6°为宜。计算方法如下：

北纬35°地带建设温室，其采光面的角度＝90°－（太阳高度角－5°）－40°＝90°－（31.6°－5°）－40°＝23.4°。

计算得知，北纬35°左右地区，其日光温室采光面的平均角度应在23°左右。

表1-2　不同纬度不同季节太阳高度角的变化（12时）

季节	北纬度				
	30°	35°	40°	45°	50°
立春、立冬	43.6°	38.6°	33.6°	28.6°	23.6°
春分、秋分	59.9°	54.9°	49.9°	44.9°	39.9°
夏至	84.4°	79.4°	74.4°	69.4°	64.4°
冬至	36.6°	31.6°	26.6°	21.6°	16.6°

从表1-2得知，温室所在地的地理纬度与太阳高度角的变化规律为：纬度每提高1°，太阳高度角就减少1°，则采光面角度就须增加1°。北纬38°地带建温室，采光面平均角度需比35°地带的温室增加3°，应大于26°（23°＋3°＝26°）为宜。北纬40°地带应大于28°，北纬42°地带应大于30°。

（5）温室的高度与南北宽度（跨度）　高度与宽度应根据温室所在地最合理的采光面角度而定，可根据所在地所处纬度计算出采光面最小角度，再结合温室后坡与后墙综合高度，用下面公式算出：温室宽度＝温室最高点高度×cotα（α为采光面最小角度）＋后坡面的投影长度。

例如：在北纬35°地段，其日光温室设计最高点处高度若为3米，后坡面的投影长度为1米，则采光面的角度为23°，cot23°＝2.36。

计算为：3×2.36＋1＝8。则在北纬35°地区，设计日光温室最高为3米时，其南北跨度应为8米。

(6) 采光面形状　应采用大拱圆形（图1-6），原因：一是采光面呈拱圆形，结构坚固，抗压力强；二是坡面凸起，便于用压膜绳压膜，薄膜会被压成波浪形（图1-7），可增加采光面积20%左右，透光性能好，阳光利用率高，特别是上午9时以前，温室增温快；三是采光面薄膜压得紧，刮风时较少扇动，防风性能好，保温效果好；四是拉揭保温被便利，且下雪时采光面上积雪少，便于清扫；五是夜晚覆盖保温被后，薄膜与保温被之间有一定的空隙，形成一个三角带形的不流通空气槽，可显著提高温室的保温性能。

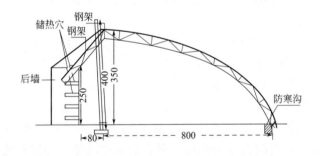

图1-6　温室大拱圆形采光面示意图（单位：厘米）

(7) 日光温室后坡面角度与投影长度　日光温室设有后坡面，一是可显著提高温室的保温效果；二是能适当提高温室总体高度，增大采光面角度，利于太阳光的射入；三是能方便摆放与揭盖采光面的保温覆盖层（草苫、纸被、保温被等）。

为保障严寒时期温室的室内温度，设立后坡面是必要的。但是，后坡面又能阻挡温室北边散射光的射入，恶化了温室后部的光

图 1-7　温室采光面波浪形

照条件，造成温室后部作物的生长发育状况、产品的产量与质量都明显劣于前部作物。平衡利弊，应设立后坡面，但后坡面宽度不可过于宽大，其投影长度应维持在 1 米左右，以尽量减少遮光。后坡面上半部最好建成透光型，夜晚备有保温覆盖设施，以提高温室保温效果，白天撤去保温设施，增加散射光的射入，以改善温室后部光照条件。下半部为保温性能良好的永久性坡面，利于保温、摆放与揭盖保温覆盖物。

　　再者，后坡面的仰角应合理，在北纬 35°左右地区，应维持在 38°以上，以便于在严寒季节（冬至前后 2 个月）太阳光可以直射后坡面的内壁，利于提高室温和改善温室后部光照条件。

　　（8）墙体建设　　墙体是温室的最主要构件，它不但能支撑封闭温室，起到保温作用，而且它还具有白天蓄积热量、夜晚释放热量、稳定温室夜间温度的作用。现有的温室墙体分为实心墙体与空心墙体两种类型，空心墙又可分为有保温填充材料和无保温填充材料两种类型。单纯从保温效果而言，只要封闭严密，空心墙体比实心墙体保温效果好，有填充保温材料的墙体又优于无填充材料的墙体。

　　但是墙体的作用不仅仅只是保温，它还担负着高温时储存热量、低温时释放热量以及稳定室温的重大作用。若温室遇到连续阴冷天气，空心墙体因其蓄积热量较少，热量释放得快，其室内夜间温度会明显低于相同厚度实心墙体建造的温室（表 1-3）。因此不应建设空心墙体，应建设成内有散热孔穴、外有保温层且有适当厚度的实心墙体。

表 1-3　不同墙体温室清晨 8 点时室内温度变化　单位：℃

墙体结构	室外夜温					
	−3	−5	−6	−7	−9	−12
孔穴墙体	13	12.3	11.7	11.5	11.3	11.1
普通墙体	11	10.1	9.5	9.4	9.1	8.1
空心墙体	11	9.8	9.4	9.2	8.7	7.3

注：以上各种墙体没有外保温层。

(9) 增设保温层　为减少热量散失，提高室内夜间和连续阴冷天气时的温度，墙体建成后，还需在墙体外面增设保温层，杜绝温室热量通过墙体向室外散失。

(10) 设置防寒沟　防寒沟应在室内 4 个边沿设置。其中南边沿的一条，应改建成储水蓄热防寒沟，其他 3 条边沿，各挖掘宽 20～25 厘米、深 30～40 厘米的槽形沟，沟内填入碎草，草要填满、踏实。

(11) 采光面透明覆盖材料　要采用透光、无滴、防尘、保温性能良好，且具有抗拉力强、长寿的多功能复合膜。比较好的有聚乙烯长寿无滴膜、三层共挤复合膜、聚乙烯无滴转光膜、乙烯-醋酸乙烯三层共挤无滴保温防老化膜等。

(12) 通风口的设置　目前温室通风口有的仅设置一道风口，并且不在温室的顶部。这样设置，通风不畅，高温时降温难，只能扒开温室底口通风，结果冷空气直吹秧苗，引起闪苗与冷害发生。

通风口最好设置 2 道，1 道在后坡的上部或采光面顶部，宽 80 厘米左右；1 道在采光面前部 120～140 厘米高处，宽 20 厘米左右。如此设置风口，通风方便，便于调节温度，高温时不须扒开温室底口，不会发生冷空气直吹秧苗现象。在后坡顶部设置风口，有利于夜间通风排湿，且通风口的滴水刚好滴在温室后部操作道路上，不会对室内作物造成危害。

第三节
节能日光温室的建造

节能日光温室，分无支柱型和有支柱型两种。

1. 无支柱型日光温室的建造

无支柱型温室（图 1-8），温室内的土地没有支柱遮阳，室内光照条件好，温度高，便于操作，并且利于机械化作业，是今后发展设施栽培的方向。无支柱型温室因墙体结构不同分为以下多种类型。

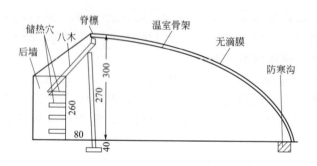

图 1-8　无支柱型温室示意（单位：厘米）

（1）砖土复合墙体温室建造　内墙砌 12～24 厘米厚、设置孔穴的砖体加水泥柱墙，在墙外覆盖底宽 250 厘米、顶宽 80～100 厘米厚的泥土实心墙体，墙体的内壁均匀密布有直径 5～6 厘米的孔穴，孔穴深入墙内 60～200 厘米（下部深、上部浅），墙外设置保温层，如图 1-9 所示。建设方法如下：

① 焊制采光面拱架（图 1-10）　拱架外骨架用直径 25 毫米、壁厚 2.5 毫米镀

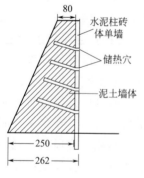

图 1-9　砖土复合墙体
示意（单位：厘米）

锌铁管或钢管焊接，内骨架用直径 10 毫米钢筋焊接，两架之间用 10 毫米钢筋呈钝角三角形状连接成一体。拱架须根据当地地理纬度设计温室跨度，根据跨度设计拱架，其投影长度在 800～900 厘米，最高点控制在 300～380 厘米，拱架的前坡面成大弧形。

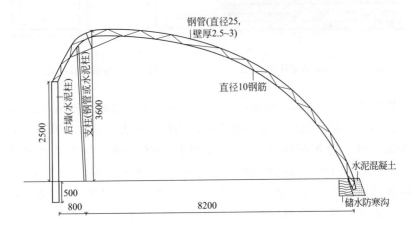

图 1-10　采光面拱架示意（单位：毫米）

②　建造温室山墙　夯实地基后先砌山墙，山墙宽 80～100 厘米、长 9～10.20 米，山墙的内外各为用砖砌成的 12 厘米厚的墙体，内墙体每 50 厘米高、每排间隔 56 厘米预留一个宽 6 厘米的方形洞穴（图 1-11），使墙体均匀设置松散的方形穴。内外两层墙体之间每间隔 112 厘米远砌一 12 厘米厚的单层砖墙，把两层单体砖墙连接成长方形斗状（图 1-12）。外墙墙内仅靠砖体墙附贴一层 50 毫米厚的泡沫塑料保温板，预防热量外传。斗内用干泥土填实，顶部用水泥混凝土封闭，要确保雨水不能渗入。墙体高、宽与直视形状同温室拱架。山墙体建好后用长铁管或尖头木棍，从预留的方形洞穴中向墙内打斜上向储热穴（图 1-11），穴深 70 厘米。

③　砌后墙　砌山墙的同时砌后墙，后墙 12～24 厘米厚，由砖体与水泥柱组成。先在两山墙之间拉好标准基线，沿基线每间隔 120 厘米砌 110 厘米长的砖墙，预留 10 厘米长的空隙，在空隙中事先将预制好的钢筋笼垂直架设其中。砌墙体时每 7～8 层砖预留

图 1-11　内墙体储热穴示意

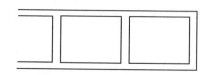

图 1-12　斗状墙体示意

一排储热穴，穴距 50 厘米，穴高 6 厘米，上下每两排储热穴之间，东西向拉一道冷拔丝，直至温室两端山墙，将各段砖体墙和山墙连接成一体。冷拔丝需用水泥砂浆砌在墙体中部。每当墙高达到 100～130 厘米时，在每段的空隙之中灌注水泥混凝土砂浆立柱，将各段墙体黏结成一体。立柱南北厚 24 厘米，东西宽 10 厘米，内有 2 根 8 号螺纹钢筋、2 根 6 号冷拔丝扎成的铁笼，螺纹钢筋在北、冷拔丝在南排放。墙高达到高度后（250 厘米左右），凝固 7～10 天，然后架设温室采光面骨架。

④ 埋设地锚　在温室两山墙外 100～150 厘米处，开挖深 120 厘米的南北沟，埋入重 50 千克左右的水泥柱或长石块，其上绑缚钢筋（粗度直径 1 厘米左右），第一处埋在温室最高点垂影处，后依次向南，每间隔 1 米埋一处，共埋五块，以土填满后灌水沉实。

⑤ 拉钢丝绳　先把地锚钢筋上端弯曲成环状，并用铁丝缠绕扎紧，然后东西方向拉钢丝绳。第一道钢丝绳设在离后坡面的顶端 80 厘米处，第二道与第一道相距 100 厘米，第三道与第二道相距 120 厘米左右，第四道与第三道相距 150 厘米左右，第五道与第四道相距 180 厘米。每道钢丝绳都要用紧线机拉紧，再用花篮螺丝固定于温室两端地锚的钢筋环上。最后拧紧两端的花篮螺丝，再次拉紧钢丝绳。

⑥ 安装拱架　温室拱架每 2 架之间相距 100～120 厘米，北端焊接固定于后墙水泥柱顶部，中部分别用铁丝绑缚或焊接固定于各道钢丝绳上，下端用水泥砂浆灌制埋入温室的前沿土内。

上骨架之前，先在温室前沿挖好土穴，每100～120厘米1个，东西呈直线排列，土穴深30～40厘米、粗度直径20厘米。然后依次排放拱架，先将拱架焊接固定于后墙水泥柱顶部。后调整拱架，使骨架投影必须与后墙相互垂直，南北顺直，高度、弧度一致，间隔距离一致，并焊接或用铁丝固定于各道钢丝绳上（图1-13）。待全部拱架固定后，分别在前沿土穴中灌注水泥砂浆，固定拱架前端。土穴灌注水泥混凝土的同时，要预埋钢筋，钢筋长30厘米左右，上端弯曲焊接成直径为2厘米的小环，下端折成"∟"型放入穴内，结合水泥混凝土砂浆灌穴，把钢筋和骨架下端凝固成一体，然后覆土踏实与地面平。钢筋上端的小环要露出地面，位于骨架同侧东南边10～15厘米处，以备以后覆膜时，拴系压膜线之用。

图1-13 骨架固定后焊接于钢筋上连接成一体

⑦ 墙后封土 封土需从墙后3米以外处用小型挖掘机挖沟取土，要边封土、边踏实，使墙体后边成一坡形泥土墙，土墙底部宽2.5米左右、顶部宽80～100厘米，顶部土面南高北低，倾斜3°～5°，后坡成大斜面。然后在后墙顶部与坡面上播种中华结缕草或其他草皮草，加强水肥管理，促其生长茂盛，冬季在其上覆盖旧薄膜保温。温室全部完工后，从每个方形孔穴处，用尖形木棍或铁管向墙内斜上方向打洞，设置储热穴，底部穴深150厘米，向上深度逐步缩短，上部穴深40厘米。

这样建造墙体，用砖量少，投资较小，而墙体结实牢固，不怕风吹雨淋，使用寿命长。墙外包有泥土，泥土外种植草皮草作保温层，既能固着后坡泥土，又能防止热量向室外传递。泥土是仅次于水的储热材料，白天可以蓄积储存较多的热量，夜晚向室内释放热量多，有利于提高温室内的夜间温度。墙体的内壁密布有孔穴，白天高温时，热空气通过孔穴进入墙体内部，加热墙体，提高墙体温度，蓄积更多热量，在干燥土体的同时还能吸收空气中的水蒸气，降低室内空气湿度，减少病害发生；夜晚室内降温时，墙体可通过散热穴经空气对流向室内释放较多的热量，从而稳定、提高室内温度。

实践证明，同等厚度墙体，有储热穴的温室，夜温可比无储热穴的温室高 2℃左右，若遇连续阴冷天气，其夜温相差幅度可达 3℃左右。

⑧ 建设顶部后坡面　顶部后坡面不应全部封闭，应在后坡上部预留 30～40 厘米宽的通风口，风口处用农膜覆盖，夜晚覆盖厚草苫。这样建造的后坡，白天拉起草苫利于散射光投入，可改善温室后部光照条件；通风口设在温室的最北端，滴水滴在操作道上，能预防因滴水诱发的病害，显著减少病害发生。

后坡面可分两种形式建造，一种为钢筋混凝土型，另一种为普通型。

a. 钢筋混凝土型后坡面建造　先在后墙前 80 厘米处，沿东西方向，每相隔 360 厘米远，埋设一根钢筋混凝土水泥支柱，水泥柱高度，其顶端要高于所处位置的后坡底面 3～5 厘米，再在后墙与水泥柱顶部，按其后坡面的角度与宽度（顶端离温室最高线 40 厘米左右）架设模板，后在模板上面铺设粗度直径为 6 毫米的螺纹钢，并将其编制成 20 厘米×20 厘米的钢筋网，然后用 400 号混凝土（1 份水泥：1 份细砂：3 份石子：0.4 份水）灌浆震实，其厚度为 5～7 厘米。灌制混凝土的同时，要预埋"Ω"形钢筋，东西向每间隔 100～120 厘米埋一个，其位置在混凝土坡面上部离边缘 20 厘米左右处，呈半圆形（直径 2 厘米）露出混凝土之外，以备拴系压膜线之用。待混凝土完全凝固结实，再在上面覆盖厚度达 30 厘米左右的玉米秸或其他碎草作保温层。按此方法建设的后坡面，结构坚固，保温效果好，并可架设电动拉苫设备。

b. 普通型后坡面建造　先在钢铁拱架后部东西向拉钢丝，每10～20厘米一道，用紧线机拉紧，将其两端固定在温室两端地锚上，再用细铁丝把铁丝和拱架接触部位依次绑缚固定，后在钢丝上绑缚芦苇、或高粱秸、或玉米秸，厚度达30厘米以上，玉米秸外面覆盖农膜，农膜上面覆盖草苫。

如此建设的后坡，保温效果好，造价低，重量轻，使用寿命长，后坡干燥的草质层能吸收室内空气中的水分，通气时及时散发水分，降低室内湿度，减少病害发生。

而目前很多温室后坡在覆草层之前先铺设一层农膜，结果没有多长时间，草层因水分散发困难而腐朽（图1-14），少则2年，多则3～4年，就需重新更换改建后坡面。

图1-14　铺设农膜后坡腐烂状

⑨ 安装采光面塑料薄膜　采光面的塑料薄膜，由底膜、主膜、顶膜（通风膜）三幅薄膜组成，安装完成后，温室顶部（草苫卷南部）和温室前部1.2～1.4米高处，各留一道通风口（顶风口和前风口），便于管理。目前，不少温室只设顶风口，不设前风口，这样做，在管理上带来诸多不便，一旦室内出现高温，只靠顶风口通风，降温困难，即使打开后墙的通风窗口，也难以使温室前部温度降下来，只好扒开底膜开口通风。这样做，室外冷空气直吹室内作

物，往往会造成室内前部的温度骤然猛降，引起作物叶片失水干枯，带来不应有的损失。

设有前风口的温室，通风时，室外冷空气由 1.4 米左右处进入室内，因被室内前部上升的热空气迅速加热，避免了冷空气直吹作物现象的发生，而且前风口与顶风口会形成空气对流，促进室内空气循环，利于热空气由顶风口迅速排出，既均匀了室内各部位的温度，又有效地降低了室内温度。

塑料薄膜要选用透光率高、无滴、消雾效果好、耐老化、防尘、保温效果好的多功能膜或聚氯乙烯无滴膜。安装之前，要根据采光面的长度和宽度，进行裁截加工，处理塑料薄膜。

采光面薄膜宽度分别是：顶膜宽 150～200 厘米、底膜宽 160～200 厘米（包括底部埋土部分），主膜宽度＝前坡面总宽度－顶膜前部宽度（120～140 厘米）－底膜埋土以上部分宽度（130 厘米左右）＋15 厘米（两边缝筒重叠宽度）。

塑料薄膜长度应根据选用的薄膜种类来定，选用聚氯乙烯无滴膜，其长度可比温室长度短 4% 左右，选用多功能复合膜，其长度应与温室长度相同。薄膜裁截好后，要先用电熨斗把薄膜两端的边缘熨烫加工成 10 厘米宽的缝筒。顶膜两条边缘、底膜上部边缘各熨烫加工一道 3 厘米宽的缝筒，主膜上下两条边缘，各熨烫加工一道 3 厘米宽的缝筒备用。

薄膜安装次序为：先装底膜，再装主膜，后装顶膜。

底膜安装：先把薄膜拉开，并在上端边缘缝筒内穿入一根 12 号钢丝，薄膜两端缝筒内各穿入一根毛竹，把薄膜拉紧压在两山墙外沿，再用铁丝系紧毛竹，拴系于温室两端地锚上，后用紧线机拉紧钢丝。再以细铁丝，从每根骨架的腹面，用"∩"形绑缚方式（图 1-15），把串入薄膜缝筒中的钢丝固定于骨架上，固定后的钢丝离地面垂直距离 130 厘米左右，并低于所处部位骨架外缘 0.2 厘米左

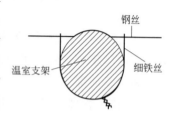

图 1-15　钢丝与拱架固定方法

右。然后在温室前沿东西向开沟，沟深 30 厘米，沿沟北岸铺设地膜，地膜外覆盖碎草，厚度 20～30 厘米，最后拉紧薄膜，用泥土把底部边缘压在草层的外边即可。

主膜安装：在温室后坡上把主膜拉开，上部边缘缝筒内穿入一根 10 号钢丝，下边缘缝筒内穿入一根尼龙绳（粗度直径 0.4 厘米左右），东西两端缝筒内各穿入毛竹。然后按适宜位置以紧线机拉紧钢丝，并把钢丝两端拴系固定于温室两端的地锚上，再用细铁丝把钢丝缠绕固定于温室的拱架上。其所处位置，上端边缘离后坡顶缘最高点延长线距离 100～120 厘米。然后将农膜放在温室采光面骨架上缓缓滑下（注意：雾滴消雾面必须朝向温室的内里，上部边缘东西向呈直线）。拉紧薄膜，分别把东西两端的毛竹压在温室山墙的外沿处，再各用 4～5 根铁丝，系紧毛竹，拉紧后系结固定于温室两端的地锚上。最后向下拉紧薄膜，让其压在底膜上面，二者重叠 3～5 厘米宽，并把尼龙绳拉紧系于两端地锚上。

为防止薄膜收缩上移，开露风口，可用细尼龙绳系住薄膜下缘缝筒内的尼龙绳，拉紧后再系于温室前沿地锚上。

顶膜（通风膜）安装：先把薄膜在温室后坡面上拉开，两端的缝筒内穿入毛竹，上下边缘缝筒内各穿入尼龙绳，拉紧薄膜，把毛竹压在温室两山墙的外沿处，两端各用 3 道铁丝系紧毛竹，拴系于温室两端的地锚上，再拉紧尼龙绳，拴系于同一地锚上，使顶膜下部 1 条边缘压在主膜上，二者重叠 20 厘米左右。然后，用长 30 厘米、粗度直径 1 厘米左右的光滑直木条，每隔 3 米左右一根，并以细尼龙绳把木条两端连同缝筒内的尼龙绳绑缚在一起，再用细尼龙绳在木条中部连同缝筒内尼龙绳一同系紧，分两个绳头拉出，一头从主膜上面向下拉紧，拴系于温室前沿地锚上，以备固定顶膜；另一头从顶膜的下面拉向温室内，拴系于固定在温室后部立柱上的小滑轮上，以备通风时拉开风口。

顶膜的北部边缘，拉紧后盖压于温室的后坡面上，拉紧尼龙绳，拴系于两端地锚上，再用泥土压住，以防透风。

⑩ 拉压膜线　选用圆形钢心线或 10 号钢丝，按温室采光面实际总宽度＋60 厘米长截成段，其数量等于温室拱架数量－1，压线

时每 2 组骨架之间压一道线。压线时应先从温室中部开始，在温室采光面的中部（1/2 处）拉压第一道，上端系于后坡面上部预设的"Ω"形钢筋上，下端拉紧后系于前沿地锚铁环上。然后拉 1/4 处和 3/4 处的两道，最后分段操作，把全部压膜线拉紧固定。这样操作，温室采光面薄膜受力均匀，承受压力大。

⑪ 建造操作房与温室门　温室门设在山墙外北部（图 1-16）或在后墙的一端的后部（图 1-17）。为了管理方便，门外应建造 6～10 平方米的操作间。操作间最好建在温室的后墙外边（图 1-17），这样可以减少土地浪费，提高土地利用率。操作间最好建成平顶，4 月份以后，温室撤下的草苫，可搁放于操作间房顶上，减少了上下搬运草苫的麻烦。

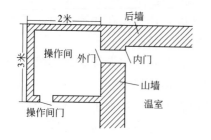

图 1-16　山墙外建操作房示意

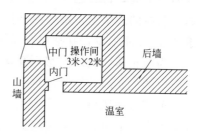

图 1-17　温室后墙外建操作房示意

操作间开门不可过大，门宽 80～90 厘米左右、高 150～170 厘米，温室门要建设双门，封闭要严密，分别设在温室后墙体或山墙的外沿与内沿，两门相距 100 厘米左右。进入温室时先打开外门，待管理者进入两门之间以后，随即关闭外门，然后打开内门，进入室内后，关闭内门。如上操作，可防止开门时冷空气侵入室内和热空气流出室外，能有效地提高温室保温效果。

⑫ 设置防寒沟　在温室内的前沿，开挖一条深 40 厘米、宽 30 厘米的东西向条沟，沟的南面紧靠温室的外沿，直立埋设一排深 50 厘米、厚 5～10 厘米的泡沫塑料保温板，沟底铺设一层碎草，再用两层旧薄膜将沟底、沟沿全部覆盖严密，后在沟内铺设一条粗度直径为 50 厘米左右的塑料薄膜管（90～100 厘米宽的双面塑料

薄膜筒），其长度和温室长度相同。铺设好后，先把塑料管的一端开口用细绳缠紧，并垫高使其高于地面，再从另一端开口灌满井水，后将开口折叠或用细绳缠紧、垫高，不让开口向外漏水。这样设置防寒沟的意义在于：前沿的泡沫板能防止温室热量外传，具有良好的保温效果；塑料管内的贮水，白天吸热蓄积热量，降低温室前沿温度，预防高温伤苗；夜晚塑料管内的贮水释放蓄积的热量，预防前沿低温，稳定夜温；贮水还可用于灌溉室内作物，解决了冬季灌溉用水温度低、浇水后降低地温的矛盾。

温室内东、西、北三条边缘，也要紧挨墙体挖掘深 40 厘米、宽 20～25 厘米的槽沟，沟内填入碎干草，填满、踏实至满沟。填入碎干草，一是能吸收设施内空气中的水蒸气，降低室内空气湿度，利于防病；二是比较全面地防止了土壤热量的外传，提高了室内土壤温度；三是沟内的碎草吸收水分后，被土壤微生物分解发酵，既可释放热量，提高室内温度，又可释放二氧化碳，为叶片光合作用提供原料，提高室内作物产量。

⑬ 配置后墙保温层 生长季节在后墙的顶部和后坡面播种草皮草，加强肥水管理，促进草皮草快速生长，或在后坡部位覆草，冬季在草上覆盖农膜作保温层。墙体外面增设保温层后，墙体热量不再向外散发，只向室内释放，其白天、夜间温度，都比不设保温层的温室提高 3～5℃。对稳定严寒时期的室内夜温效果甚佳。如此建设，墙体 100 厘米左右厚度的温室，其保温效果也会高于 5 米厚度墙体的温室。

（2）水泥预制件外加覆土复合墙体温室建造

① 灌注水泥预制件 预制件由立柱与挡板组成（图 1-18）。

立柱横截面为梯形，下底宽 20 厘米、上底宽 5 厘米、高 15～20 厘米，内有直径为 6～8 厘米的圆形空心管，混凝土内设置 3 条8# 钢筋，立柱长 300～320 厘米。

挡板为长方形，长 106 厘米、宽 50～60 厘米、厚 6 厘米。侧面为梯形，长底边 106 厘米，短底边 100 厘米，内设置 2 条 6# 钢筋。挡板中部预制 2 个直径为 6～8 厘米的圆形孔洞（图 1-18）。

② 埋设立柱 水泥立柱凝固好后方可埋设，沿温室后墙南部边

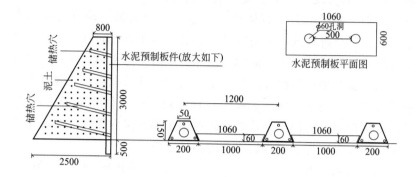

图 1-18　水泥预制件组装及培土后墙示意（单位：毫米）

线，每120厘米挖掘深40～50厘米的预埋坑，放入立柱，定位后顶端向北10厘米直立，封土踏实。注意立柱的宽面向南，东西方向成一平面，顶端成直线，每2根立柱中心间隔距离120厘米（图1-18）。最后在其顶端焊接角铁或钢筋，将各立柱联结成一个整体。

③ 建造温室山墙　同前所述。

④ 架设采光面骨架　同前所述。

⑤ 立挡板与墙后封土　山墙建好，立柱与骨架焊接固定呈一整体后，方可以立挡板，封埋墙后泥土。挡板由下向上分次立设，每次每2立柱之间直立1块，将挡板梯形截面的短边朝南，贴紧在立柱梯形截面斜边上，随即封土埋压。封土时需从墙后3米以外，用小型挖掘机挖沟取土，要边立挡板、边挖土、边埋压、边踏实，挤紧挡板。这样依次向上逐层立设挡板，逐层封土。墙体立挡板、封土全部完成后，墙体前面成向后倾斜2°～3°的平面，后部是一斜坡型泥土墙，土墙底部宽2～2.5米，顶部略向后倾斜，宽80～100厘米，土面成南高北低，倾斜3°～5°，后坡成大斜面。墙体建成后，从水泥挡板的孔穴处，用尖形木棍或铁管向墙内斜上方向打洞，设置散热穴，下部穴深150～200厘米，向上依次缩短，上部穴深50～60厘米。生长季节在后墙顶部与后坡面上播种结缕草或其他草皮草，夏季加强管理，经常喷洒尿素水，促进生长茂盛，冬季覆盖农膜，将其变为保温层。

⑥ 拱架焊制、架设等其他各项建设项目　同前所述。

（3）外包单层砖体、内填泥土墙体温室建造（图 1-19、图 1-20）　后墙墙体总厚度 100～120 厘米，高 250～260 厘米，里外各为宽 12 厘米的单层砖砌成的墙体，里墙体每 50 厘米高预留一排长、宽各 6 厘米的方形孔穴，每排孔穴东西向间隔 56 厘米，使墙体呈松散蜂窝状。里外两墙之间每间隔 120 厘米建设一 12 厘米厚的单层砖墙，将里外两单层砖墙连接成长方形斗状，外墙墙内紧靠砖体设置一层 2～5 厘米厚的泡沫塑料保温板，预防热量外传，斗内用干泥土填实。墙体建好后用长铁管或尖头槐木棍，从预留的孔穴中向土墙内打斜上向储热穴，穴深 80 厘米左右。山墙建设、骨架焊接、架设、采光面、防寒沟等各项建设同前。

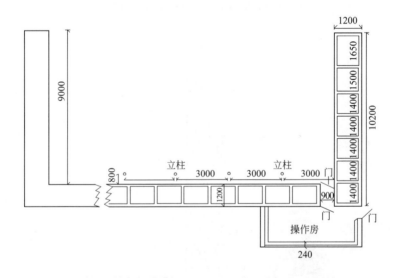

图 1-19　温室外包砖墙体平面示意（单位：毫米）

（4）内砌石块、外砌泥土墙体温室建设　内墙用大石块垒砌，石块墙外砌土体墙（图 1-21），后从石块缝隙中向土体墙中打洞，设置储热穴。墙外加设保温层。墙体建设好后在墙体顶部灌制一层水泥混凝土，宽 80～100 厘米，南部边缘厚 15～20 厘米，并固定拱架，北部边缘厚 5～7 厘米。其他各项建造同前。

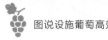

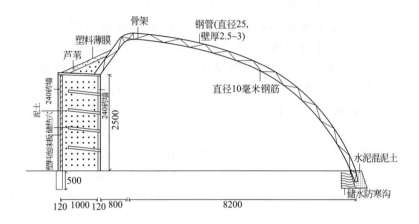

图 1-20 外包砖体内填泥土墙体示意（单位：毫米）

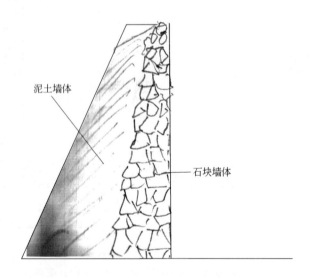

图 1-21 石块墙体外砌泥土墙体示意

2. 有支柱型日光温室的建造

有支柱型温室（图 1-22）的墙体、操作房的建造可参照无支柱型温室的建造方式进行。

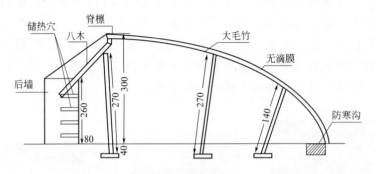

图 1-22 有支柱型温室示意图（单位：厘米）

（1）埋设支柱 温室支柱由三排组成，后排支柱长 300～320 厘米，截面粗 8 厘米×10 厘米，顶端呈 50°斜角，离顶端 5 厘米处，预设一个小孔，以便穿入铁丝，绑缚八木。该支柱埋设于后墙前沿外 80 厘米处，东西方向每相隔 180～360 厘米埋设一根，埋深 40～50 厘米，柱下垫石块或砖块，地上部留 250～270 厘米，柱子埋设好后，向北倾斜 3°，全部支柱要求在同一条直线上排列，顶端处于同一高度。

中排支柱，柱长 300～310 厘米，截面积 8 厘米×10 厘米，支柱顶端呈一弧形凹槽，槽下 5 厘米处预留一个细孔，以备穿入铁丝固定八木（竹竿）之用。中排支柱立于离后墙前沿 350～360 厘米处，东西方向每相隔 360 厘米埋设一根，埋深 40 厘米，下垫砖块，柱子立好后向南倾斜 7°～10°。

前排支柱用长 180 厘米、直径 5～7 厘米的硬杂木棍，木棍顶端钻一小孔，以备穿铁丝固定八木（竹竿），该排支柱立于离前缘 140 厘米处，东西方向每间隔 360 厘米立一根，埋深 40 厘米，地上留 140 厘米，向南倾斜 25°。

三排支柱立好后，要达到东西方向、南北方向都对齐，处于同一平面内，顶端，东西方向成直线排列，处于同一高度。

（2）后坡面的建造 后坡面，可用八木、钢丝或木椽、芦苇或高粱秸等和泥土、塑料薄膜搭成。建筑时分四步进行。

① 绑缚八木　　八木选用200～220厘米、小头直径≥10厘米的洋槐木棍或硬杂木棍。架设前，先在离小头40厘米远处，横割一条深1厘米左右的锯口后用锛子在离小头55厘米处，切去厚1厘米左右的三角形木块，使之成为三角形斜面（图1-23）。然后将八木的三角形斜凹面与立柱顶端斜角（图1-24）紧密结合（图1-25），再以铁丝穿过立柱顶端小孔，绑缚牢稳。

图1-23　八木的　　　　　图1-24　立柱顶　　　　　图1-25　八木立柱
三角形斜凹面　　　　　　　部斜角状　　　　　　　　结合处示意图

八木大头搭在后墙高180～200厘米处，并以铁丝固定于墙外地锚上。八木架设好后，应使每根八木都基本处于同一平面上，与地面成38°以上的夹角，八木前端处在同一高度，东西方向成直线排列。

② 拉钢丝或钉木椽　　先在八木顶端东西向钉一道粗度直径≥8厘米的木棍作脊檩，脊檩接头要抠成凹凸榫，使之接牢成一条直线。然后在八木上钉木椽或拉钢丝。若用木椽，须选用粗度直径≥7厘米的洋槐木棍或其他硬杂木棍，东西向固定于八木上，其间距20～25厘米。若选用钢丝，须先在温室东西山墙外100～150厘米处，挖深100～150厘米的土穴，埋入重50千克左右的大长石块，长石块中部绑缚钢筋，钢筋的另一端露出地面长30厘米左右，埋好后，再用水沉实。

第一道钢丝可固定于离脊檩距离10厘米处，向下依次每15～20厘米（八木上半部20厘米、中下部15厘米）拉一道，共6～8道。钢丝须用紧线机拉紧，两端连接于温室山墙外面地锚的钢筋上，并用"∩"形钉固定于八木上。

③ 铺设苇箔 木椽钉齐后或钢丝拉好后，再在上面铺设苇箔，若无苇箔，也可以用苇子、高粱秸、玉米秸等代替，用麻绳或塑料线丝绑缚于木椽或钢丝上，其厚度为 3～5 厘米。

④ 覆草保温 在苇箔斜面上，再覆盖一层厚度达 20～30 厘米的玉米秸或其他秸草，用毛竹或木棍东西向压紧，并用铁丝与内层木椽或钢丝连接勒紧，以防下滑。后在覆草外面覆盖农膜，农膜外覆盖草苫。

后坡建好后，有厚草层保温，利于稳定温室的夜温，温室的保温性能优良。

(3) 架设前坡面 有支柱型温室的前坡面，由粗毛竹竿、铁丝、桐木垫、棚膜杆（直径 5 厘米左右的厚壁竹竿）、无滴膜及压膜线组成。建造时分以下七步骤进行。

① 上前八木 前八木多用竹竿或铁管建设，用竹竿要选用节间短、壁厚、尖削度大、大头直径 10 厘米左右、长度达 8 米以上、无裂缝、顺直，或呈大弧形弯曲的新毛竹。操作时，先将毛竹的大头锯齐，再钻一个细孔，穿入铁丝，大头向北架设于三排支柱的顶端，大头端部绑缚于脊檩上，中部绑缚于中排支柱顶端的槽口上，前部绑缚于前排木柱的顶端，前部末端埋入温室前沿地下，并用铁丝与埋设的地锚联结，固定牢稳。地锚在前沿北 20 厘米处，埋深 50 厘米以上，用铁丝联结毛竹前端，再埋入地下。大毛竹每间隔 3.6 米架设一根。架设好后，要求每根毛竹成上凸下凹的弯弓形，并处于同一高度、同一弧度，使温室的前坡面形成半弓圆形。

② 埋设地锚 地锚分别埋设于东西山墙之外、北墙外和温室前缘四个部位。东西山墙外各埋设 6～8 个地锚，用来拴系前、后坡面的钢丝。埋设时在墙外 1.5 米远处，开挖深 1～1.5 米的南北沟，沟底埋设水泥柱或大石块，并拴系 6# 冷拔丝或 8# 粗铁丝，铁丝上段要露在地面以上，埋土后，灌水沉实。北墙外 50 厘米远处，每相隔 3 米左右，埋设一个地锚，深埋 50 厘米以上，用以拴系稳定压膜线的钢丝。温室前缘的地锚，埋设于温室前沿向北 20 厘米处，深埋 50 厘米以上，用以稳定八木、固定拴系压膜线的钢丝。

③ 拉设钢丝　前坡面的八木上面，需拉设钢丝，可选用 10# 镀锌优质钢丝。中柱以北的部分，每相隔 30～40 厘米拉一道，共拉设 6～8 道。中柱以南部分，每相隔 50～70 厘米拉一道，共拉设 6～7 道。钢丝要用紧线机拽紧后固着在东西山墙外面的地锚上，再用 16# 铁丝从毛竹下面绑缚固定于毛竹阳面上（图 1-26）。

图 1-26　钢丝与毛竹连接固着图

室内亦需要拉设三条钢丝，用于拴系吊秧线，南边 1 条在离地面高 1.2 米处，在室内固定于前八木的顶部；中、后两条钢丝，分别固定于中、后两排支柱的 1.8 米高处。

温室后坡面的外面、前缘地面上，各需东西方向拉一道 8# 钢丝，拉好后分别拴系于温室前后和两端的地锚上，以备拴系压膜线之用。后坡面上的一道，用 12# 铁丝与墙后地锚连接，固定于离棚脊 30 厘米处的后坡面上。前缘的一道紧挨地面，与拴系八木的地锚连接，固着于温室前沿的地面上。

④ 架设棚膜杆　选用大头直径 4～6 厘米的实心毛竹，如长度不足 8 米时，可相互连接，使之达到 8 米左右。每相隔 80～90 厘米架设一根棚膜杆，大头端部钻孔穿铁丝，下垫 5 厘米高的桐木垫，绑缚于脊檩上，下端埋入温室前缘的泥土中。其他部位垫 3～5 厘米高的桐木垫，用 14# 铁丝绑缚，固着于棚面钢丝上（图 1-27）。

⑤ 绑缚桐木垫　用直径 3～4 厘米的桐树棍或竹竿，截成 3～5 厘米长的木段，垫在棚膜杆与钢丝之间。操作时，先用 14# 铁丝缠绕毛竹一周，拧紧，再把铁丝穿过桐木垫的中心髓孔，勒紧，缠拧在 10# 钢丝上，将棚膜杆稳固于钢丝之上（见图 1-27）。

棚膜杆架设木垫之后，使温室前坡面上的无滴薄膜与钢丝之间离开 5～8 厘米，压膜线压紧后，薄膜不再与钢丝接触，既可防止滴水现象发生，又利于压紧薄膜，使薄膜的采光面形成波浪形，达到增大透光面积、增加透光量和防风之目的。

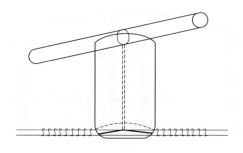

图 1-27 绑缚桐木垫示意

⑥ 上薄膜 前坡面的无滴膜，由底膜、主膜、通风膜三幅组成。架设方法同无支柱型温室采光面的架设方法。

⑦ 挖设防寒贮水沟、设置保温层 方法同无支柱型。

第四节
大拱棚的建造

大拱棚栽培葡萄，因葡萄自身需要支架，所以建棚时，要把大棚支架与葡萄支架统筹考虑，实行一架两用，以此设计建棚。下面以宽 8.6 米、长 61 米、高 2 米的大棚为例，说明建造方法。

（1）埋设支柱 在大拱棚内栽培葡萄，因受光照条件制约，必须实行立架、南北行向栽植。为改善棚内光照条件，及时防止结果部位上移，还要采取宽窄行定植，一般宽行行距 220 厘米、窄行行距 80 厘米。8.4 米宽的大棚，可栽植 6 行葡萄。因此，大棚东西方向须埋设 6 行南北向支柱，行距分别为 80 厘米及 220厘米（图 1-28），南北柱之间距离 360 厘米，61 米长的大棚，每行埋设支柱 18 根，全棚共需支柱 108 根。所有支柱顶端 25 厘米处，备有直径 1 厘米左右的小孔洞，以备穿拉钢丝和固定拱杆之用。

第 1 与第 6 行支柱，长 180 厘米，土内埋设部分长 50 厘米，地上部分高 130 厘米，埋设位置各离开大棚边缘向内 80 厘米，柱

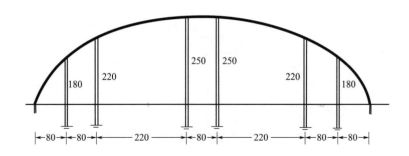

图 1-28　葡萄大拱棚示意（单位：厘米）

与柱之间南北距离 360 厘米。

　　第 2 与第 5 行支柱，长 220 厘米，土内埋设部分长 50 厘米，地上部分高 170 厘米，柱与柱南北之间距离 360 厘米。

　　第 3 与第 4 行支柱，长 250 厘米，土内埋设部分长 50 厘米，地上部分高 200 厘米，柱与柱南北之间距离 360 厘米。

　　支柱全部埋设完成后，每行支柱，南北、东西方向都处在同一平面内。

　　（2）埋设地锚　大棚南北两端各埋设地锚 6 个，每行支柱南北两端各 1 个，各在南北末端支柱外 100 厘米处，与该行支柱处在同一直线上，可选用重量为 20～30 千克的长形石块或水泥柱做地锚，其上绑缚 6# 钢筋，埋入地下深 80～100 厘米处，覆土后用水沉实。捆绑地锚的钢筋，上端弯曲加工成直径为 1 厘米的钢筋环，露出地面外，并以 8# 铁丝与各行两端的支柱顶端联结在一起，拉紧铁丝稳定支柱，使大棚两端支柱分别向外倾斜 5°左右。大棚东西两边缘外 30 厘米处，需各埋设一行地锚，从南到北，每 3 米左右埋设一个，地锚埋深 60 厘米左右，然后由南到北，再各拉一道 6# 钢筋，并用 8# 铁丝与各个地锚联结，以备大棚覆盖薄膜后，系结压膜线之用。

　　（3）拉设钢丝　在每行水泥柱顶端南北向拉设一道钢丝，钢丝穿过各支柱上端的孔洞，并用紧线机拉紧与两端的地锚相连。

　　（4）安装大棚连杆　用粗度直径 6 厘米左右的长毛竹南北方

向，用 12# 铁丝拧紧绑缚于支柱上部离顶端 15 厘米处，把各支柱南北向联结成整体。

(5) 安装大棚吊柱 该棚共需吊柱 204 个，南北方向每两柱中间安装 2 个，吊柱与支柱间距离为 120 厘米。可选用直径为 4~5 厘米、长 27 厘米的木棍或竹棍做吊柱，先在吊柱的上端钻一小孔，再在其下端底面竖割一条深 1.5 厘米的锯口（注意锯口的方向与上端的孔洞同方向）备用。吊柱须直立固定于支柱上部的钢丝上，钢丝嵌入吊柱下端底面的锯口内，再把吊柱用细铁丝紧紧绑缚于大棚南北向的连杆上。吊柱安装好以后，其南北方向要和同行的支柱处在同一高度上或高于支柱 2 厘米左右（图 1-29）。

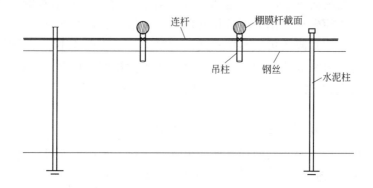

图 1-29 大棚吊柱连杆钢丝固定示意

(6) 安装棚膜杆 棚膜杆东西向架设，每两条棚膜杆之间南北距离 120 厘米，该棚共需棚膜杆 36 根，需用 72 根直径 5~6 厘米的长竹竿对接做成，或用 5.6 米长的镁钛弓形杆，每两根弓形棚杆上端对齐，用铁质接卡套住，再用螺丝拧紧，接成一根。然后东西向架设在支柱和吊柱的顶端，并用 12# 铁丝分别穿过支柱和吊柱顶端的小孔，把棚膜杆与支柱、棚膜杆与吊柱绑缚固定成为一体。棚膜杆的两端埋入大棚东西边缘处泥土中。注意埋好以后大棚两边的棚膜杆底端各离开边柱 80 厘米远，南北方向排列成一条直线。

(7) 加工棚膜 选用无滴高保温膜，膜长 65 米、膜总宽 12

米，加工成三幅，其中 3 米宽的两幅、6 米宽的一幅。先用电熨斗把 6 米宽膜的两条边缘加热黏结成 5 厘米宽的缝筒，穿入尼龙绳，再把两幅 3 米宽膜的各一条边缘加工成 5 厘米宽的缝筒备用。

(8) 安装棚膜　大棚膜加工完成后，要选择无风天气进行安装。先安装两幅 3 米宽的边膜，把薄膜从棚上拉开，两端拉紧，再调整位置，使底部边缘紧靠拱杆底部，并沿大棚底边开沟，用泥土埋压薄膜于沟内，埋宽 25 厘米左右。然后把薄膜上部边缘向棚顶部伸展开并拉紧，再把缝筒内的尼龙绳拉紧系于大棚两端的地锚上，后用细铁丝把棚膜上缘的尼龙绳绑缚固定于大棚架的拱杆上，以防止棚膜向下滑动。两幅边膜安装好后，再安装 6 米宽的顶膜，顶膜安装须先从大棚上面抻拉开薄膜，两端拽紧，并调整位置，抻展薄膜，使其两条边缘各压在两幅边膜上，二者重叠 10～20 厘米，再把两条边缘缝筒内的尼龙绳拉紧，系于大棚两端地锚上，最后在大棚两端沿地锚线外缘开沟，用泥土把各幅薄膜的两端埋压于沟中。

(9) 拉系压膜线　用镀锌钢丝作压膜线，按 1150 厘米长截成段，从大棚中部开始向南北两个方向拉、压，每两根棚杆之间压一根，拉紧后将其两端缠系于大棚外缘处的地锚钢筋上。

(10) 安装棚门　棚门最好安装在大棚的南端，开门不要太大，以 60 厘米×160 厘米为宜。扣膜前，先把门框、门心做好，再把门框安装好，固定位置，棚膜扣好后，在门框中心处开"×"形口，并把割开的薄膜向门里边拉紧，用木条钉在门框内面上。最后，把用双层薄膜包裹的门心用合页安装固定于门框上。

第二章 设施栽培的生态环境特点与控害减灾增收技术

　　任何果树的生长发育，都是该果树与其周围环境条件的相互作用与适应的结果。人们栽培果树所采取的一切管理措施，都是在经常不断地调节双方之间的矛盾，要么改造环境，让其能够不断地满足果树生长发育所必需的环境条件，使果树能够正常地生长发育；要么改变果树本身的生育特性，使其能够适应周围的生态环境条件，最终促使二者相互适应、相互促进，从而实现果树更加良好地生长与发育，达到增产增收的目的。

　　节能日光温室与大拱棚葡萄设施栽培技术，是人们为改变不良的环境条件，创造适合于葡萄生长发育的生态环境，而设计组配的一种全新的栽培技术。首先它能够在不适宜葡萄生长发育的严寒、酷暑、狂风、暴雨等恶劣的天气条件下，为葡萄提供适宜的生态环境，满足葡萄生长发育所必需的温度、光照、空气、土壤、肥料、水分等条件，实现葡萄在严寒、酷暑等季节的春促成、秋延迟以及越冬等反季节栽培。

　　但同时节能日光温室、大拱棚等保护设施，又具有不同于露地条件下的特殊的生态环境。因此，在设计葡萄等果树设施栽培技术时，必须既要考虑温室、大拱棚等设施生态环境条件的特殊性，又要结合葡萄等果树自身的生态特点，并且把二者有机地结合起来，设计组装与之相适应的配套技术。

第一节
节能日光温室等保护设施环境条件的基本特点

　　节能日光温室、大拱棚等保护设施，虽然具有良好的透光、保温等性能，但是它毕竟是在恶劣的气候条件下和不适宜果树生长发育的严冬季节里进行栽培，由于受外界环境条件的制约，加之设施本身封闭严密的特点，使它又具备着多种不适宜于葡萄生长发育的不利因素。

　　(1) 设施外自然环境条件恶劣，内外环境差异性大　在严冬季节，在设施内栽培葡萄，如果调控不好，其土壤温度会明显低于葡萄根系发育所需温度，加之冬季还会经常受到寒流、冰雪、大风、低温，甚至还有长期阴冷等天气的影响，造成温室（棚）内大幅度地降温，使气温、地温骤然下降，引起枝叶和根系生理性障碍现象发生。严重时会造成枝叶枯死，根系死亡，如不能进行有效地调控，还会引起整株葡萄的死亡。

　　(2) 设施内光照条件差，光照强度明显不足　太阳光即太阳辐射能，是一切生态植物进行光合作用、生产有机物质的能源，也是节能日光温室、大拱棚等保护设施热量平衡的主要来源。生态植物只有在阳光的照射下，才能进行光合作用。要维持较高的光合效能，其光照强度应达到20000～60000勒［克斯］（光强单位）。在冬季，太阳的辐射能量，不论是总辐射量，还是作物光合作用时能吸收的生理辐射量，都仅有夏季辐射量的70%左右，加之设施覆盖薄膜后，阳光的透光率仅有80%左右，薄膜吸尘或老化以后，其透光率又会下降20%～40%。因此，设施内的太阳辐射量，仅有夏季自然光强的30%～50%，约10000～40000勒［克斯］，这远远低于葡萄光合作用的光饱和点。倘若遇到阴天，设施内光照强度几乎接近于葡萄的光补偿点。光照弱，光照时间短，是制约葡萄设施栽培产量、效益的主要因素之一，也是影响设施内温度高低的主要原因。

(3) 光照分布不均匀 节能日光温室、大拱棚等栽培设施，受其建造条件的制约，室（棚）内光照分布不均匀，差异比较显著。如节能日光温室，采光面的前部屋面角大，阳光入射率高，光照较为充足；中间部分，其屋面角度较前部小，阳光入射量低于前部，其光照强度可比前部光照强度低 10％～20％；采光面的后部，屋面角最小，阳光入射量更低，加之温室的后坡面、后墙又遮挡了北部与上部散射光的射入，其光照强度仅为前部的 60％～70％，光照更弱，如不加以调控，会引起产量的严重下降。

大拱棚，若南北向建设，棚内光照较为均匀，若东西向建设，棚内光照依然不均，其北部光照强度明显低于南部。

(4) 封闭性严密、室内通气不良 节能日光温室、大拱棚等栽培设施，封闭性严密、室（棚）内外空气较少或不经常流通，室内通气不良，如不注意调控，会诱发多种不良状况发生。

① 二氧化碳气体极易缺乏 白天作物进行光合作用时，室内空气中的二氧化碳气体作为光合原料，很快被作物吸收利用，由于温室（棚）内外空气流通不畅，二氧化碳气体不能及时得到补充，极易缺乏。光合原料的严重不足，使光合效能急剧下降，葡萄果实产量、品质都会大受影响。因此是否能够及时补充温室（棚）内二氧化碳气体量，提高空气中二氧化碳气体的浓度，是制约设施葡萄栽培效益的首要因素。

② 有害气体不能及时排除 设施密闭，土壤呼吸作用及肥料分解发酵所释放出的有害气体不能及时排除。有害气体主要有以下几种：

a. 氨气（NH_3） 氨气主要来自土壤中未经腐熟的粪肥，如鸡粪、猪粪、牛马粪、饼肥等。这些肥料未经充分腐熟，施入土壤中，经微生物分解发酵，会产生大量的氨气。氨气还来自施入土壤中的速效氮肥，如尿素、磷酸二铵、碳酸氢铵、硫酸铵、复合肥等，这类肥料遇到高温环境，就会分解挥发氨气，特别是在设施内，采用不适当的施肥方式（点施、撒施）追施此类肥料时，极易引起氨气挥发，增加空气中的氨气含量。当空气中氨气浓度达到 5 毫升/升时，室内作物就会受到危害，开始时，叶缘组织变成褐色，后逐渐转变成白色，严重时叶片枯死。若氨气浓度达到 40 毫升/升时，葡萄会受到更为严重的危害，甚至使整株葡萄死亡。

b. 亚硝酸气体（NO₂） 该气体是因为施用过多的速效氮肥而产生的，氮肥在土壤中经过微生物的硝化作用，产生亚硝酸气体，释放入空气中。当空气中亚硝酸气体浓度达到 2 毫升/升时，作物就会受到危害，开始表现为叶片失绿，产生白色斑点，严重时，叶脉变白，叶片枯死，甚至于全株死亡。

c. 氯气（Cl₂） 该气体来源于有毒塑料薄膜或有毒塑料管等。氯气由作物叶片的气孔进入叶肉组织，破坏叶绿素和叶肉组织，开始时叶缘变白干枯，严重时整个叶片死亡。

③ 设施内空气湿度高 温室、大棚等保护设施，因内外空气交流少，空气不流通，土壤蒸发的水分和作物蒸腾排出的水分，都以水蒸气状态，积累于室（棚）内的空气当中，难以排出室（棚）外，室（棚）内空气湿度显著高于室（棚）外。其空气湿度可高达80%～95%，大大超过葡萄生长发育所需要的空气湿度（50%～65%）。同时高湿度又为各种真菌、细菌、病毒等侵染性病害的侵染扩散提供了有利的生态环境，如不注意调控和有效地防治，极易诱发病害，而且病害种类多，发病频繁，发展速度快。

节能日光温室、大拱棚等保护设施所具有的以上生态特点，极不利于葡萄的生长发育，也给室内葡萄栽培带来了诸多不便，生产者必须在实践中进行调控，尽力改变这些不利的环境条件，才能实现设施栽培葡萄的高产、优质与高效。

节能日光温室、大拱棚等保护设施，虽有诸多不利因素，但它是封闭性设施，这为人们改变其内部生态环境提供了便利与可实施性。人们可以通过改善其光照，调节其温度、空气湿度、空气成分、空气中二氧化碳的浓度等生态条件，尽可能地使之成为葡萄等果树生长发育的较佳生态环境；还可以通过采用相关的栽培措施，提高室内葡萄的光合效能，调节其营养生长与生殖生长的关系，增加有机营养积累，减少病害的发生与扩散，降低栽培成本，改变葡萄果实成熟季节等，从而使葡萄设施栽培的经济效益大大超过露地葡萄栽培的经济效益。

第二节
提高设施的光能利用率

（1）建设良好的保护设施 要建造一个结构合理、透光性能优良、升温快、保温性能良好、便于管理的保护设施。这样的节能日光温室，其主要参数如下：在北纬 35°左右的地区，温室东西方向可偏阴 5°，东西长 50～80 米，后墙高 2.4～2.6 米、墙体厚 1 米左右，温室最高点 3.4～3.6 米、南北跨度 8～9 米；后坡面长度的投影与采光面长度的投影比例应达到 1：7～1：8；采光面的平均角度要达到 23°左右；采光面形状应采用半拱圆形；采光面要选用透光性能优良，无滴效果良好、维持时间长，消雾、防尘、防老化、保温性能好的多功能膜。北纬 40°左右地区，其墙体应适当增加厚度至 120～150 厘米，南北跨度可缩小至 6～7 米，采光面的角度可提高至 28°～30°，并可适当延长后坡面长度，使其与采光面长度的投影比例降至 1：5～1：6。

实践证明，这样的温室具有良好的透光性能，并且温度提升快、保温性能好，便于管理。

（2）适时揭盖保温被 温室栽培葡萄，要尽量早见光且延长葡萄见光时间，并要及时清擦采光面农膜，维持采光面良好的透光性能。冬季日照时间短，为充分利用光能，揭盖保温被一定要及时、适时。一般只要出太阳，就要拉开保温被，让葡萄的叶片接受阳光，进行光合作用，生产有机营养。应在日落前后覆盖保温被，以便尽量延长见光时间，提高光能利用率。若遇阴雨雪天或寒冷天气，也要适时拉揭保温被和覆盖保温被，一般可比晴天推迟半小时左右拉揭、提前半小时左右覆盖，绝不能不拉揭保温被。

那么天气寒冷时，拉开保温被是否会引起室内温度大幅度下降？实践证明，只要出太阳，拉开保温被，室内就会因为采光而温度升高。即便是阴天，只要不是拉揭过早，拉揭后，室内也会因为吸收大量的散射光而增温。即使是拉揭后有短时间的降温，也比不拉揭或拉揭晚效果好得多。因为葡萄的叶片只要见光，就是在 5℃

的低温条件下也能进行光合作用，生产有机物质，只是温度低时，生产的有机物质会少一些。如果不拉保温被，叶片处在黑暗环境中，只能进行呼吸作用，消耗生态营养。在黑暗环境时间越长，消耗的生态营养就越多，对葡萄的生长发育也越不利。如果长期如此操作，其结果只能是低产、劣质、低效益，甚至诱发诸多生理性和侵染性病害发生，严重时会造成葡萄植株大量死亡。

（3）墙壁张挂反光膜、地面铺设反光膜 节能日光温室前后不同部位的光照强度差异显著，其后部仅有前部光强的 60%～70%。为提高后半部的光照强度，在保证设施温度的基础上，可以在温室后墙与后坡面的内侧张挂反光膜（图 2-1），改善温室后半部的光照条件，提高该部位所栽葡萄的光合效能、产量与品质。实践证明，温室张挂反光膜后，其后半部光照强度可增强 20% 以上，使后部葡萄增产 10% 以上。葡萄坐果以后，地面铺设反光膜，可明显增强葡萄中下部叶片的光照强度，对提高葡萄产量、改善果实品质、增进上色有着十分重要的作用。

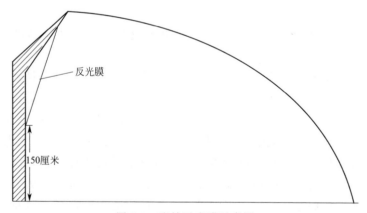

图 2-1　张挂反光膜示意图

（4）提高葡萄栽植密度 在日光温室、大拱棚内栽培葡萄，为充分利用光能，实现早期丰产，应实行密植。葡萄栽植密度可达1000～1500 株/亩，是露地栽培密度的几倍。这样做能够快速增加叶面积，使葡萄的叶面积系数在短期内就可达到 2.5 左右，大大提高了对太阳光能的利用率，确保栽植当年或第二年就能实现丰产与优质。实践证明，葡萄栽植密度达到 1200 株/亩时，即便株产 2 千克，每亩土地约可产葡萄 2400 千克，也能获取较高的经济效益。

(5) 南北行向定植，立架整枝 在日光温室、大拱棚内栽培葡萄，首先，必须实行南北行向栽植，因为冬季太阳高度角低，南北植株相互之间遮阳重，如果实行东西行向栽植，则北行的葡萄被南行遮阳，一行遮一行，光照条件会严重恶化。而实行南北行向栽植，则可大大改善葡萄群体的光照条件，株与株之间见光均匀，并且利于午间太阳光直射地面，提高土壤温度，从而促进根系的生长发育，提高根系的生理活性。

其次，设施内栽培葡萄，结果枝量要比露地条件下稀疏，因为设施条件下光照较弱，栽培密度高，只有较稀疏地留枝，做到树密枝稀，才能保障叶片有较高的光照强度。

设施内栽培葡萄，必须采用篱壁架树形，因为在冬季，土壤温度低，土温低是制约葡萄越冬栽培的一项主要因素。有效地提高土壤温度，促进葡萄根系发育，是越冬栽培葡萄能否取得成功的一项极其重要的技术措施。如果实行棚架方式栽培葡萄，则土壤由于被葡萄架面遮挡，阳光难以照射到地面，土壤获取的热量少，土温低，制约根系发育，葡萄的生长必然受其影响。采用篱壁型栽培葡萄，其行间土壤直接暴露在阳光之下，获取的热量多，土温高，有利于葡萄根系的生长发育。

对于每行葡萄、每个架面，都要做到结构合理，南低北高，布局均匀，整个架面的平均高度不得超过 160 厘米，以免引起光照条件恶化，降低光合效能。

第三节
冷害（寒害、冻害）、热害的预防

葡萄在各个物候期间对温度的要求不相同，每个物候期，都要求有适宜的温度范围。只有用最适宜的温度去满足葡萄各个物候期对温度的需求，才能促进葡萄良好地生长发育，维持较高的生理活性和良好的生命活动，提高光合效能，从而获得优良的品质、较高的产量与较高的效益。

此外，还必须认识到，葡萄在设施栽培条件下，其生态环境发生了较大的变化，因此，它对温度等生态环境条件的要求也必然有所变化，已经不同于露地环境条件下栽培葡萄对温度等生态环境条件的要求。在具体掌握上，应根据葡萄的不同物候期及所处的实际季节灵活掌握。在严冬季节，葡萄不同物候期所需要的适宜温度，应比露地条件下栽培葡萄该物候期所需要的适宜温度高 2～3℃。严冬过后，仍应按其果树不同物候期所需要的最适宜温度进行管理。原因如下：

第一，设施栽培葡萄，在进入严寒季节以后，虽然表层土壤温度白天可达到 20℃左右，夜晚可维持在 15℃左右，能够基本满足葡萄根系生长发育所需要的温度条件，但是葡萄为深根性植物，在露地环境条件下，其主根系大部分分布在 30～60 厘米的土层中，而温室等设施栽培，在冬季该土层的土壤温度比表层土壤温度低得多，一般在 10～13℃，比葡萄根系生长发育的最适宜温度范围低得多。土温低，不但不利于葡萄根系的生长发育，导致根系生理活性低、生根晚、发生新根量少、吸收能力差。根系不但承载着固着土壤、吸收水分与各种肥料元素的功能，更重要的是根系还承担着众多高能营养物质的合成作用。各种氨基酸、蛋白质、酶类、核糖核酸等高能营养物质是在根系中合成的。根系不发达，头重脚轻，就很难做到高产优质。而较高的土壤温度，能促进根系对水分和营养元素的吸收、利用和转化，增加新根量、提高根系活性，从而达到促进葡萄地上部分的生长发育以及提高果品产量、品质的目的。所以，提高并维持较高的土壤温度，是设施秋延迟、越冬、春促成葡萄栽培成功与否的最为关键的技术措施之一。

土壤温度是依靠阳光辐射和空气热量传导来提高的，一般情况下，阳光的辐射强度是相对稳定的，只有提高设施内的空气温度才能提高土壤温度。

第二，植物生理研究表明，光合速率随 CO_2 浓度的增加而增加，随 CO_2 浓度的增高，光合适温也会升高。在设施栽培中，因大量使用有机肥料，其发酵分解释放出来的二氧化碳（CO_2），不受室外空气流动的影响，几乎全部留在设施内，其室内二氧化碳（CO_2）浓度显著高于室外，一般可维持在 800 厘米^3/米^3 左右，若再在室内补施二氧化碳（CO_2）气肥，其浓度可高于 1000 厘米^3/米^3，比自然条件下空气中二氧化碳（CO_2）的含量高 2～3 倍。高浓度的二氧化碳（CO_2），不但可明显提高葡萄叶片的光合速率与光合适温，而且还会对呼吸产生抑制作用，降低呼吸强度，减少呼吸消耗，从而提高了呼吸作用与光合作用平衡点的温度，使温室中的葡萄，在较高温度条件下，能有更多的同化物质积累。

第三，温室栽培，因全面覆盖地膜，土壤水分蒸发量大幅度减少，加之土壤水分供应充足，从而加速了叶片的蒸腾作用，降低了叶片温度，其叶片温度一般比空气温度低 2～3℃，即使空气温度明显高于光合适宜温度 2～3℃ 时，其叶片温度仍处在光合作用的适宜范围之内。

第四，温室内白天不同部位的空气温度与所处高度基本成正相关，特别是在叶面积系数较高时，由于叶幕层的遮阳作用，由生长点向地面测量，其温度下降十分明显。一般地面温度可比生长点处温度低 3～7℃，若葡萄生长点处的温度在 32～35℃，那么葡萄主体叶幕的温度恰在 25～32℃，处于葡萄光合作用的最适宜温度范围内。

第五，适宜的高温可显著降低空气的相对湿度，抑制病害发生。空气湿度随温度变化而变化，在空气含水量相对稳定的情况下，其相对湿度随空气温度的增高而降低。而病害的发生又与空气湿度关系极为密切，绝大多数真菌性病害与细菌性病害，其发病条件都要求有较高的空气湿度和适宜的温度范围，若能把空气的相对湿度降至 60％ 左右时，大多数葡萄的真菌类病害和细菌类病害都难以发生。尤其是在设施栽培条件下，危害最为严重的葡萄霜霉病与灰霉病，其发病条件都要求空气湿度高于 90％、最适宜温度范围为 15～25℃。而当设施湿度低于 70％，温度高于 30℃ 或更高一些，二者都较难发生。

鉴于以上论证，并经生产实践证明，设施栽培葡萄，在增施有机肥料与补充施用二氧化碳气肥的条件下，除发芽期、开花期外，其他各个生育阶段的温度管理，应相对露地条件下栽培葡萄所需的适宜温度范围适当提高 2℃左右。例如，葡萄开花期白天温度应维持在 25～30℃，夜温维持在 16～18℃；进入幼果膨大期以后，白天一般不要通风，应尽快提高设施内空气温度，并使温度维持在 30～34℃。通风要在 16 时至清晨 9 时之间进行，使夜间温度维持在 10～15℃。果实开始上色时，白天温度应维持在 25～32℃，夜温降低至 14～18℃，以便促进果实着色，获取最佳效益。

鉴于在严寒季节，进行葡萄设施保护栽培，环境低温，特别是土壤低温是影响葡萄生长发育以及产量和效益高低的主要因素，因此，如何提高设施内土壤温度，维持适宜的昼夜温度，是获取葡萄高产、高效的最基本条件之一。

对于保温与冻害、寒害的预防措施介绍如下：

① 设施建设的原则　建设一个结构合理、透光率高、增温快、保温性能良好的保护设施，是设施栽培能否取得成功的首要条件。

② 起高垄畦栽培　冬季土壤温度低，需阳光照射土壤表面和室内热空气通过土壤表面传导加热来提高土壤温度。土壤的表面积大小是影响土温高低的主要因素之一。若采用平畦栽培，土壤表面积小，受热面小，接受热量少，土温低，热土层薄。而起高垄畦栽培，可显著增大土壤的表面积，使土壤受热面增大 30% 左右，土壤吸收热量多，增温快，土温高，热土层厚，蓄积热量多。土温高，既有利于果树根系的发育，使之达到根深叶茂、生长健壮的目的，又能在夜间大量释放热量，稳定夜间空气温度，减少冷害、冻害的发生。一般垄畦高度应达到 30 厘米左右，垄畦宽度 100 厘米左右，畦面呈龟背形。

③ 控制土壤热量向深层土壤和空气中传递　其具体方法为：结合定植开挖 40 厘米深、100 厘米宽的栽植沟，沟底铺设一层 3～5 厘米厚的泡沫塑料保温板，板上覆盖一层 120 厘米宽的农膜，以阻挡肥水下渗，然后回填土、肥。回填达到与地面平齐时，定植葡萄，后封成大高垄畦（高 30 厘米、宽 80～90 厘米）。温室增温前 10 天左右，土垄与操作行间全面覆盖地膜，减少土壤水分蒸发，

提高土壤温度。

土层底部铺设泡沫塑料保温板与农膜，不但能显著预防土壤热量向深层土壤传递，提高葡萄根群周围的土壤温度，并且还能大大减少水分与肥料的流失，节约肥水 50％以上。

土垄、操作行间覆盖地膜后，土壤水分蒸发受到抑制，这不但提高了土壤的温度（表 2-1）和保水能力，并且降低了室内空气的相对湿度（表 2-2），减少了病害的发生。更为突出的是，覆盖地膜能减少温室热量损耗，提高和稳定土温与室内空气温度。前人的研究结果证明，在 25℃左右的条件下，土壤中每蒸发 1 千克水分，需从土壤中吸收 432.5 千焦左右的热量。蒸发的水分还会在薄膜上凝结，形成水珠或水膜，把热量通过薄膜传导到室外空气中去，造成热量大量损失。同时采光面上一旦形成水珠或水膜，会对光线发生折射，又会明显降低太阳光的入射率，降低室内光照强度，使果树的光合效能下降，并造成室内热量不足。在一般情况下，一个一亩大的温室，如不覆盖地膜，每天最少从土壤中蒸发水分 20～30千克，损失 48650～72975 千焦的热量。经测算这些热量，可使该

表 2-1　地膜覆盖对土壤温度的影响（平均值）　单位：℃

时间	土壤 5 厘米深处地温			土壤 10 厘米深处地温		
	覆盖	不覆盖	增值	不覆盖	覆盖	增值
上午(8 时)	15.3	12.2	3.1	14.8	12.2	2.6
中午(13 时)	27.2	23.8	3.4	24.3	21.9	2.4
下午(17 时)	20.8	18.5	2.3	19.6	17.3	2.3

表 2-2　地膜覆盖对土壤水分和空气相对湿度的影响　单位：％

地膜覆盖形式	土壤含水量		室内空气相对湿度			
	浇水后 1 天	浇水后 10 天	浇水后 1 天		浇水后 10 天	
			8 时	13 时	8 时	13 时
全面积覆盖	26.5	16.8	90	80	85	73
85％面积覆盖	27	15.2	93	87	90	78
不覆盖地膜	28.4	12.1	100	95	95	87

温室的空气温度提高或下降 7~10℃。因此，全面覆盖地膜，抑制土壤水分蒸发，不但是降低室内空气湿度、减少病害发生的有效措施，而且还是提高室内温度、维持热量平衡、稳定室（棚）温以及提高土壤温度的有效措施。

覆盖地膜时，要做到行间、株间全面覆盖严密，不让土壤裸露，而且还要把操作行、走道、温室前沿全面覆盖，把土壤水分蒸发和因土壤水分蒸发引起的热量损失，减少到最低限度。

④ 减少薄膜与墙体孔隙散热　对温室要进行严密封闭，若温室封闭不严，薄膜、墙体存有孔隙，则室外冷空气、室内热空气，可直接通过孔隙进行空气对流传递热量，使热量大量损失。造成温室孔隙的原因有：

第一，薄膜破碎。特别是用竹竿压膜时，须用细铁丝扎碎薄膜、固定竹竿，这样做的结果，在薄膜上留下了千余个孔洞，俗话讲，"针尖大的孔洞，牛头大的风"，这么多孔洞在严寒的夜间，可因气体交换而损失掉大量的热量。通过对竹竿压膜温室与压膜绳压膜温室的测温比较得知，在同等条件下，其夜间最低温度，前者可比后者低 2~3℃。因此，今后新建温室不要再用竹竿压膜，应采用压膜绳压膜。

第二，因压膜绳拉得不紧造成薄膜呼扇。薄膜呼扇时能快速吸进冷空气、压缩排出室内热空气，引起快速降温。因此必须把每根压膜绳拉紧、系结实，防止有风时薄膜呼扇。薄膜呼扇还会拉开上下薄膜之间的压缝，引起室内外空气的快速对流，使室温急速下降。

第三，墙体存有缝隙，门窗封闭不严。要注意把每个砖缝、土缝处理严密，并要把门窗处理好，防止存有缝隙，形成空气对流，引起热量散失。

⑤ 提高采光面保温覆盖物的保温质量　温室采光面，白天采光，使温室增温、使室内作物叶片得以进行光合作用，但是在夜晚，温室封闭严密不产生对流，室内热量也可以通过红外线辐射与薄膜的传导而大量损失。如果不增设不透明保温层覆盖、加以保护，则室内温度可下降至 0℃，甚至更低，室内葡萄将无法生存。

目前，最常用的不透明保温层有草苫、纸被、保温被等。用草苫覆盖，要注意选择厚度达 5 厘米左右、编织紧密、极少有缝隙的稻草苫。如果草苫编织不紧密，显露缝隙，覆盖温室后，夜晚室内热量可透过草苫存留的大量缝隙，通过辐射传递于室外，使室内温度快速下降，难以保持合适的温度。用草苫覆盖，遇到雨雪天气，草苫吸水之后，变得沉重，既降低了保温效果，又给操作带来了困难。因此用草苫覆盖，草苫外面还需加盖一层塑料薄膜，这样做既能防止雨水打湿草苫，又提高了保温效果，可比单用草苫覆盖提高温度 2～3℃。

防水纸被是用三层防水牛皮纸、内夹一层瓦楞纸制成，其内夹有一层不流通的空气，导热系数极低，并且防辐射传热，用其覆盖，其保温效果亦优于草苫，可比用草苫覆盖提高室温 5℃左右。为防止雨淋而损坏，其外层应加裹薄膜而达到防雨的目的。

保温被是比草苫更为优良的保温覆盖材料，一般由 3～5 层不同材料构成，外层为防水层，主要材料为无纺布或塑料膜等，中间为保温层，主要材料为工业用毛毡或疏水发泡材料等，内层为防护层，主要材料为无纺布或镀铝反光膜等。

⑥ 提高葡萄自身的抗逆能力 用"天达-2116"或"天达植物能量合剂"涂干、喷洒植株，能显著增强植物自身的抗逆能力，如抗干旱、抗病菌侵害、抗药害、抗冷冻等能力。

"天达-2116"植物细胞膜稳态剂是一种高科技植保产品，它具有独特的生理作用，能最大限度地挖掘植物自身的生命潜力和生产能力，促进根系发育，提高叶片的光合效应，增强植物适应恶劣环境的能力，特别是在预防冷害、冻害方面作用突出。众多的实际例证也证明，"天达-2116"在对蔬菜、果树和各种农作物的低温、冻害及其他灾害的防御方面，作用显著、效果明显，在温室葡萄栽培中的使用效果更为突出。具体使用方法为：葡萄发芽时，用 20～50 倍"天达-2116"药液涂抹枝蔓；此后结合喷药用 1000 倍"天达-2116"＋200 倍红糖＋400 倍硫酸镁＋400 倍氯化钾＋400 倍硝酸钙（或葡萄糖酸钙）＋6000 倍有机硅＋100 倍溃腐灵（或其他小檗碱类农药）混合液，细致喷布植株的枝干、叶片、果穗，每 10～15 天一次，连续喷洒 5～7 次。

用"天达-2116"涂抹树干、喷洒植株以后，不但能提高葡萄的耐低温、抗冷冻、抗干旱能力，而且还能促进发根、提高葡萄植株的光合能力，促进果实膨大和果实着色，提高含糖量，并且能提早 5～7 天收获，达到增产、增收、优质的综合效果。

⑦ 人工加温　在设施内栽培葡萄，一般不需人工加温，但是，如果葡萄进入开花时期，室内夜间温度低于 15℃，则葡萄不能正常开花与受精，需人工进行加温。最好的加温方法是在设施内点燃沼气，每 60～100 米² 设一个沼气炉，通入沼气点燃，使设施增温。白天室内温度维持在 25～30℃，夜晚室内温度维持在 16～18℃，以便保障葡萄能够正常的开花、授粉和受精。

用沼气加温不但能够提高设施内的温度，而且还可以增加设施内空气中的二氧化碳浓度，从而大幅度增强葡萄叶片的光合效能，提高坐果率和产量与品质。

如果没有沼气设备，可采用炉火加温，在设施内设置 2～4 个火炉，每个火炉配备 15～20 米长的烟筒，将烟气全部排出室外。使用炉火加温，须注意其烟气中含有有害气体，烟筒必须封闭严密，严防漏烟，以免有害气体危害葡萄。

另外，还需注意通风调温，防止高温及有害气体危害。节能日光温室、大拱棚等保护设施，因封闭严密，在晴朗天气设施内温度提升很快，特别是节能日光温室，即便在冬季，如不注意通风，室内温度亦可达 30℃ 以上。而春秋季节遇晴朗天气，不进行通风时，室内温度会高于 40～50℃。室内温度过高，会给葡萄的生长发育带来严重的高温危害。结果枝生长期与果穗发育期，室内温度高于 30℃，会引起花穗蜕变为卷须；开花时期室内空气温度高于 34℃，会引起柱头干燥失水，影响受粉、受精，降低坐果率，甚至难以坐果；果实进入幼果发育时期，室内空气温度过高，又会发生日灼病，损害果实。因此，必须及时通风降温，防止室内出现高温。具体操作为：先在设施内的东、西、南、北、中各个不同部位，吊挂温度计。温度计的高度要等于或略低于葡萄的生长点，要让叶片给温度计遮阳，不可让阳光直接照射温度计，每半小时左右观察一次温度。再根据葡萄的不同物候期所需要的适宜温度范围，决定如何进行调控。当温度达到该物候期的适宜温度范围的上限时，方可开拉风口，通风降温。开启通风口时，要先开小口，使温度不再上升即可，如果温度继续上升，可再次加大风口，使温度稳定在葡萄该物候期适宜温度范围的上限。切记不可猛然开大风口，严禁室内温度突然下降，诱发闪叶现象发生，给葡萄的生长发育造成不应有的损失。如果遇到阴天，一般不须通风，但当室内温度高于 20℃ 时亦需通风，以维持室内温度 18～20℃ 为宜。若遇到连续阴天，每隔 2 天左右，可在中午时，开小口通风半小时左右，排除设施内有害气体，防止其浓度超标，给植株造成危害。

第四节
降低设施内空气湿度

节能日光温室、大拱棚等保护设施，因其封闭严密，室内空气湿度一般可比室外露地条件下的空气湿度高 20% 以上。特别是灌水以后，如不注意通风排湿，往往连续 3～5 天，室内空气湿度都在 95% 左右，极易诱发真菌、细菌等类病害，并且能迅速蔓延，造成重大甚至是无法挽救的损失。因此，如何降低设施内的空气湿度，是葡萄设施栽培中，必须时时注意的最为重要的技术问题。具体操作如下：

（1）全面覆盖地膜　地膜覆盖以后，封闭了土壤表面，土壤水分蒸发受到抑制，其空气的相对湿度一般比不覆盖地膜的下降 10%～15%（表 2-2），效果极为显著。

（2）科学通风排湿　通风应结合室内湿度与葡萄不同物候期、不同生育状况灵活掌握。

① 科学通风排湿的原理　空气相对湿度在其绝对含水量不变的情况下，随着温度的升高而降低。根据这一规律，温室内白天应适当维持较高温度，只要温度不超过葡萄各物候期适宜温度范围的上限，一般不须通风或者适量通风即可，以高温降低空气湿度，并

且提高土壤温度，促进葡萄根系发达。

夜间一般空气的相对湿度控制在 70% 左右，只要不低于夜温适宜温度的下限，夜间可开大风口排湿。清晨室温也是如此，只要不低于适宜温度下限，风口也应尽量开大。

② 选择合适的通风时间　通风要在傍晚、夜间、清晨进行，选择这些时间段通风，既可有效地降低室内空气湿度，又能使夜间温度维持在适宜的范围之内。这样的温度管理，既扩大了昼夜温差、减少了葡萄生态营养物质的消耗，增加了养分积累，又能缩短和避开霜霉、灰霉等病菌侵染、发展的高湿、适温阶段，可显著减少葡萄此类病害的发生。其他时间，如果棚温接近或高于葡萄生育适宜温度的上限时，必须及时通风降温，预防高温危害。

③ 具体通风方法

a. 傍晚通风　下午 4 点左右，拉开风口，通风排湿，待室内温度降至 18℃时，立即关闭风口。

b. 夜间通风　用草苫作保温覆盖物者，傍晚放下草苫以后，再在草苫的下面拉开顶风口，只要室内夜间温度不低于葡萄适宜夜温的下限，不必关闭风口。如果温度偏低，可及时调整风口大小或关闭风口。若是用保温被作覆盖材料的，可在温室后坡的顶部，增设塑料通风管，每间隔 3 米左右设置一根直径 15 厘米左右、高 60 厘米左右的硬质塑料管子，在管子顶部固定一个滑轮，滑轮上吊挂一块用尼龙纱网包裹的草团，夜间进行通风时，把草团拉下，开启风口通风，不需通风时，把草团拉起，封闭塑料管底部管口，适度保温。

c. 清晨通风　清晨拉草苫时，可同时拉开风口，通风排湿，待 30～45 分钟后，关闭风口快速升温，直至室内温度达到葡萄的该物候期最适宜温度上限时，再开风口通风，尽量维持温度不变。

（3）选择合理的灌溉方式和灌溉时间

① 灌溉方式　可以在行间实行膜下滴灌或膜下适度暗灌，尽量减少灌溉量，最大限度地减少水分蒸发。

② 灌溉时间　灌溉须选择在晴天清晨进行，10 点以前结束。灌溉时，9 点以前可拉开通风口通风，排除湿气，并且使气温维持

在 15℃左右，以低温抑制病菌孢子萌发，9 点以后关闭风口，快速提温，让设施内的空气温度达到 32～35℃，以高温降低设施内空气相对湿度，并提高土壤温度，促进地表残留水分蒸发。下午 4 点左右拉开风口，并逐渐加大通风量，排除室内湿气，降低室内温度与空气湿度。这样操作，可基本上避开因灌溉造成的室内空气湿度大幅度提升，从而避免出现诱发病害发生的不利环境条件。

其他时间灌溉的弊端在于：一是如果选择在中午或下午灌溉，则因此时地温已高，灌溉会引起地温大幅度下降，对根系生长不利，甚至还会造成冷害；二是如果选择在中午或下午灌溉，则排湿时间短，室内湿气排不净，夜间湿度必然高，引起病害发生；三是如果选择在阴天灌溉，则因设施内温度低，不可能开大风口通风排湿，灌溉后必然引起室内湿度大幅度提高，进而诱发病害而无法挽救。

需注意，灌溉之前应先细致地喷洒 200 倍少量式波尔多液等防病药液，以保护葡萄叶片、枝干（茎蔓）和果实（果穗），防止灌水后，室内湿度提高而诱发病害。

第五节
提高设施内空气的二氧化碳含量与科学施肥

为解决设施栽培葡萄中的室内有害气体容易积累、二氧化碳气体易缺乏等问题，需要做到以下几点：

(1) 适时开启风口通风　排除室内有害气体，补充二氧化碳气体。

(2) 增施有机肥料与生物菌肥　有机肥料施入土壤以后，经土壤微生物的作用，可转化成腐殖质，腐殖质进一步分解，不但可释放出氮（N）、磷（P）、钾（K）、钙（Ca）、镁（Mg）、硫（S）、硼（B）、铁（Fe）、锌（Zn）、铜（Cu）等元素，供葡萄不断地吸收利用，而且有机质分解后还能释放出二氧化碳和水分，为葡萄叶片的光合作用源源不断地提供原料以及为根系提供水分。因此，在设施内大量增施有机肥料，可有效解决设施栽培葡萄二氧化碳气体缺乏的问题。同时，温室、大拱棚等保护设施，又具有封闭严密的特点，有机肥料分解释放出的二氧化碳，基本全部留在设施中，反而使室内二氧化碳气体的浓度大大高于露天条件下二氧化碳气体的浓度，能较大幅度地提高设施葡萄的光合效能和产量。

土壤有机质还能够改善土壤的理化性状，促进团粒结构的生成，增加土壤的孔隙度，改善土壤的通气性能；提高土壤的保肥、保水能力；缓冲土壤的酸碱度；这些改变对葡萄植株的生长发育都极为有利。

有机肥料有多种多样，人畜粪便、作物秸秆、杂草树叶、各种饼肥、沼气液渣、酒糟、醋糟等，都是良好的有机肥料。

设施葡萄施用基肥，每亩可用 2000～4000 千克腐熟的畜禽粪＋100 千克饼肥＋50 千克硫酸钾＋50 千克硅钙钾镁土壤调理剂（或 50 千克过磷酸钙＋15 千克硫酸镁＋5 千克硫酸亚铁＋2 千克硼砂）＋（500～1000）克生物菌土壤接种剂，掺混均匀发酵后，开挖深 40 厘米、宽 30 厘米左右施肥沟，肥土掺混施入土壤内。

追肥也应以有机肥料为主，一般可在发芽后或落花后 10 天左右，或幼果迅速膨大期追施，每次追施大粪干 400～500 千克/亩，或腐熟饼肥 100～200 千克/亩，或腐熟大粪稀 800～1000 千克/亩。追肥必须严格执行开沟、撒粪、灌溉、封土、覆膜同步进行，完成一行、进行一行的规程。严防在撒粪以后不能及时灌溉、封土、覆膜，造成氨气挥发，危害葡萄。追肥的整个操作过程要在晴天清晨拉开通风口时进行，严禁阴天或上午十点以后追肥，以免提高室内空气湿度，诱发病害。

（3）实行行间膜下覆草 葡萄设施栽培，升温以后，要在行间撒一层 10～15 厘米厚、经过日光暴晒的碎草，然后覆盖地膜。碎草在膜下吸收湿土的水分后，会缓慢发酵分解，不断地释放二氧化碳，提高室内空气中二氧化碳浓度，促进葡萄的光合作用；同时也在不断释放热量，提高土壤温度，促进根系生长发育；还能吸收土壤挥发的氨气，消除氨害，吸收湿气，降低设施内湿度；并能缓冲人们进行作业时对地面的压力，减轻行间土壤板结。

（4）增施二氧化碳气体肥料 葡萄进行光合作用的主要原料是

二氧化碳和水。二氧化碳来自空气，靠空气流通不断补充，同时也来自土壤中的有机质被微生物分解释放的二氧化碳。

节能日光温室、大拱棚等保护设施，因其封闭严密，室内空气成分较少受室外流通空气的影响，这就为人们在设施内增施二氧化碳气体肥料创造了条件。增施二氧化碳气体肥料，其增产效果十分显著，一般可增产30%左右。二氧化碳气体肥料的使用方法有多种，生产成本低、易于推广的有以下几种：

① 室内燃烧沼气　在室内地下建设沼气池，按要求比例填入畜禽粪便与水，厌氧发酵生产沼气，再通过塑料管道把沼气输送给室内的沼气炉，燃烧生产气体二氧化碳。

② 硫酸-碳酸氢铵反应法　在设施内中部沿东西方向，每间隔3～4米挂一个塑料桶，悬挂高度与葡萄的生长点齐平。先在桶内装入3～3.5千克清水，再徐徐加入1.5～2千克浓硫酸，配成30%左右的稀硫酸溶液。以后每天早晨，拉揭草苫后半小时左右，在每个装有稀硫酸液的桶内，轻轻放入200～400克碳酸氢铵。晴天与幼果迅速膨大期多放，多云天与其他生长阶段可少放，阴天不放。

碳酸氢铵要事先装入小塑料袋中，投放之前要在小袋底部用铁丝扎3～4个小孔，以便让稀硫酸液进入袋内，与碳酸氢铵发生反应，释放二氧化碳。反应方程式为：$2NH_4HCO_3 + H_2SO_4 \longrightarrow (NH_4)_2SO_4 + 2CO_2 + 2H_2O$。

使用此法应注意：

第一，必须将硫酸徐徐倒入清水中，严禁把清水向硫酸溶液中倾倒，以免酸液飞溅，烧伤果树与操作人员。

第二，向桶内投放碳酸氢铵时，要轻轻放入，切记不可溅飞酸液。

第三，反应完毕的余液是硫酸铵水溶液，可兑加10倍以上的清水，用于其他作物追肥之用，切不可乱倒，以免浪费和烧伤作物。

③ 安装二氧化碳发生器生产二氧化碳　每天向发生器内添加硫酸与碳酸氢铵，在发生器内进行化学反应，释放二氧化碳气体，其原理同上。

④ 点火法　每天上午9～10时之间，用无底的薄铁皮桶，桶

底穿设粗铁丝作炉条,桶内点燃碎干木柴或干树枝,燃烧释放二氧化碳气体。

点燃时要做到:一要保证足氧明火充分燃烧,防止产生一氧化碳等有害气体危害葡萄。二要让火炉在室内作业道上移动燃烧,以免造成高温烤树。三要严格控制燃烧时间,350~600 米²的温室或大棚,其燃烧时间每次不得超过 30 分钟,以免燃烧时产生的有害气体超量,危害葡萄。

点火法不但可生产足量二氧化碳,而且可提高室内温度、降低空气湿度,只要操作正确,增产增收效果显著。操作时,一般每天可点燃 2 次,一次在傍晚覆盖草苫或保温被后点燃,一次在拉开草苫或保温被后 1 小时左右点燃。傍晚点燃,燃烧释放的二氧化碳具有温室效应,可显著减少室内热量的红外线辐射,明显提高室内夜间温度,降低室内空气湿度,对室内保温和植株防病效果明显。

第六节
预防药害发生与缓解药害

不论是设施果树栽培,还是设施蔬菜栽培,几乎 95% 以上的设施栽培作物都有过不同程度的药害发生,其中有很大比例是严重药害发生。温室作物一旦发生药害,必然造成叶片老化、硬化,甚至叶组织坏死,光合作用受阻,光合效能大幅度降低,引起减产甚至是严重减产。

(1) 药害发生的主要原因

① 有个别菜农、果农用药不科学,多打药、高浓度用药,有时甚至是几种农药混用,从而造成药液浓度过高,引发药害。结果是投入增加,工时延长,还造成了减产。

② 部分果农并不完全了解药品性质,一旦发生病害、虫害,就会手忙脚乱,为了尽快消除病虫害、制止发病,用药时误认为多配几种药、高浓度用药,就会达到目的。其结果可能是防治效果不错,但是却造成了严重药害,给室内作物带来了新的更大损失。另

一种情况是不但没能有效地防治病虫危害，反而发生了严重的药害，对葡萄等果树的危害越发严重。

（2）药害预防措施　葡萄叶片出现叶色发暗、无光泽，叶面粗糙、硬化，这是发生了轻度药害，叶片变厚、变脆，叶缘坏死、黄化是较严重药害发生的表现，个别严重者叶片干枯、坏死。为了避免药害的发生，用药必须慎重。

首先，用药前要认真阅读药品说明书，仔细检查药品的农药登记证号，了解药品性质、有效成分、使用范围、使用方法、使用浓度及注意事项等，避免用错药和高浓度用药。对农药登记证号造假的农药，绝对不能购买，并且应立即向相关部门举报。

其次是要对症用药，可以向农业技术人员或者信誉良好的农资经营者咨询，听取他们的意见。严禁对不了解药品性质、不知病虫种类的情况下，盲目用药，或者盲目听信不法农药推销商贩的许诺，胡乱用药。这里建议果农或菜农购买农药时一定要保存好发票，一旦买到假劣农药时可以此作为维护自己权益的有效证据。

第三是目前市场上的农药品种，同种有效成分的产品可能会有多种包装、多个名称。因此在购买农药时一定要关注标签上的有效成分，不可随意使用所谓的新产品，更不能听信不法商贩的推销，建议购买和使用正规的、信誉较高的农药生产厂家或者农资经营者的产品。

第四是一旦发生药害，应立即喷洒 600 倍壮苗型"天达-2116"＋200 倍红糖药液或者其他药物进行解救、缓解药害。每 5～7 天一次，连喷 2 次即可。

第七节
设施栽培中有害气体危害的预防

设施栽培因其封闭性严密，室内产生的有害气体不易被排出，极易发生"氨害"等有害气体危害，必须时刻加以注意，认真预防有害气体在设施内积累。其主要方法如下：

（1）**注意通风换气，及时更新设施内空气** 只要室外温度不是很低，每天都要坚持开启风口，最少通气 50 分钟以上，排除室内有害气体。通气以清晨或夜间最好，可以兼除湿气，降低设施内空气湿度。但是如果室外温度过低，通风会引起室内温度急速下降时，则应适当减少通气量，但绝不能不通气，可每三天左右通一次气，改清晨、夜晚通气为下午 4 点前后短时间通气。

（2）**严禁在设施内撒施或穴施速效氮素化肥** 速效氮肥，如尿素、碳酸氢铵、硫酸铵、硝酸铵、二铵、复合肥等，施入土壤后，如果不能及时被土壤溶液溶解吸收，易挥发氨气，危害作物。因此速效氮肥在设施内严禁使用，如果是必须施用速效氮肥，则要把肥料掺混入动物粪便，再掺加适量生物菌发酵腐熟，将肥料元素转化成络合态、氨基酸态小分子有机化合物后，结合灌溉撒施或冲施。一定要防止化学肥料直接入土，造成大量流失，利用率极低，这不仅浪费肥料，而且会造成土壤板结、酸化，破坏土壤团粒结构，同时也会挥发氨气危害作物。

（3）**严禁使用有毒塑料薄膜覆盖设施** 购买塑料薄膜时要严格把关，注意薄膜质量，防止使用有毒薄膜覆盖设施，以免覆盖后释放氯气（Cl_2）危害作物。

（4）**室内点火燃烧要充分** 室内点火加温时必须以明火充分燃烧，同时要严格控制燃烧时间，防止一氧化碳、二氧化硫等有害气体超标，危害作物。

（5）**要施用腐熟肥料** 追施动物粪便时，必须充分腐熟，并经过翻动散去有害气体后方可施用。

第八节
设施葡萄栽培土壤改良与土壤盐渍化的预防

设施葡萄栽培中，由于塑料薄膜长期覆盖，土壤本身受雨水淋溶较少，加之不少果农在设施管理中，大量使用速效化学肥料，造成土壤板结，土壤中盐基不断增多、积累，含量不断提高，形成土壤盐渍化、酸化，结果大大影响了葡萄等植株的生长发育，甚至造成室内植株的大量死亡、无法生存，最终不得不终结设施栽培。

但是这种现象并非设施栽培的必然规律，而是错误技术误导及操作人员的错误操作造成的。

实际上预防土壤盐渍化并不困难，只要在设施的管理方面注意做到以下几方面即可。

(1) 优化土壤理化性状 注意增施有机肥料和生物菌肥，减少速效化肥的使用量，特别是要注意减少氮磷素化肥的使用量，严禁施用平衡复合肥，即便是追肥也要坚持使用腐熟的有机肥料。增施有机肥料时也应以作物秸秆、牛羊粪为主，尽量少施用鸡粪。这样做土壤就不会或极少发生盐渍化。

土壤大量施用有机肥和生物菌肥，生物菌进入土壤接触水分后，菌体快速繁殖。菌体大量增殖的同时能分泌抗生素，抑制并消灭土壤中的有害菌类，减少病害发生。生物菌还能把肥料和土壤中的各种有害物质（如无机态氮素）较多地转化为无害化成分（如络合态氮、氨基酸态氮），实现肥料净化和无害化，使产品成为生态食品。

菌体不断增殖也不断死亡，死亡的菌体会转变为有机质，进而迅速转化成土壤腐殖质。这样就将土壤中的各种速效、无机态肥料的大部分转化成络合态、氨基酸态的缓释肥，使土壤腐殖质含量迅速增加。

土壤中的腐殖质含量虽少，但对土壤性状和葡萄的生长发育状况影响是多方面的：

① 腐殖质能不断地分解释放氮、磷、钾、钙、镁、硫等各种元素，满足葡萄生长发育对矿质元素的需求。同时腐殖质分解过程中能源源不断地释放二氧化碳，特别是对温室内因通气较少造成的二氧化碳不足有很大的缓解作用，进而提高葡萄叶片的光合效率。

② 腐殖质具有黏结作用，可以促进土壤团粒结构的生成，改善土壤的理化性状，增加土壤孔隙度，改善通气性，调节水气比例，促进土壤微生物的活动，并使土性变暖、耕性逐渐优化，促进根系发达。

③ 腐殖质在土壤中呈有机胶体状态，带有大量的负电荷，能吸附各种阳离子，如 NH_4^+、K^+、Ca^{2+}、Mg^{2+} 等，提高土壤的保肥能力。

④ 腐殖质具有缓冲性，能够调节土壤的酸碱度（pH 值）。因为土壤溶液中的氢离子（H^+）可与土壤腐殖质胶体上所吸附的盐基离子进行交换，从而降低了土壤溶液的酸度；当土壤溶液中氢氧根离子（OH^-）多时，其胶体上吸附的氢离子（H^+）又可与氢氧根离子（OH^-）结合生成水（H_2O），降低土壤溶液的碱性（pH 值）。特别是在盐碱性土壤中，增施生物菌有机肥料，是改良盐碱地、预防设施内土壤板结和盐渍化的最有效途径之一。

（2）科学改良土壤　如果土壤已经碱化，可结合整地施基肥，每亩撒施硫黄粉 15～20 千克，并需大量增施有机肥，施用酸性化学肥料，如过磷酸钙、硫酸钾等；如果土壤已经酸化，施肥需施用碱性肥料，如硅钙钾镁土壤调理剂等；也可结合整地，土壤中撒施生石灰粉 50～75 千克/亩。

（3）利用自然降雨淋溶　进入 6 月份以后，要撤去棚膜，让自然降雨淋溶土壤，减低土壤中的盐碱含量。

（4）增强植株自身抗逆性　结合喷药掺加使用"天达能量合剂或天达-2116"，提高植株自身的适应性、抗逆性，增强其耐盐碱能力。

只要如此坚持下去，设施土壤就不会发生板结和盐渍化。

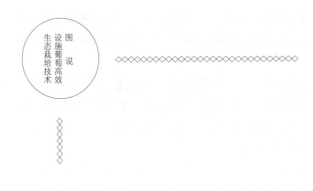

第一节
葡萄的形态特征

（1）**根**　根为肉质根，髓射线与辐射线特别发达，导管粗大，根中储存有大量的营养物质。其实生苗根系由主根与侧根组成，主根多不明显，侧根发达。葡萄营养苗的根是由茎蔓的中柱鞘内发出，称为不定根，无明显主侧之分，可由众多的不定根组成强大的根系。葡萄根系发达，适应性比较广，在肥沃疏松又有水浇条件的沙壤土中，根系分布比较浅，集中于5～40厘米深的范围内，但其水平辐射范围比较广。在干旱少雨的山地，其根系可深入土层100厘米以下，最深可达1400厘米。葡萄根系有比较强的吸收能力，其细胞渗透压超过1.5个大气压（1大气压＝101325帕斯卡），因此，在干旱山地和盐碱土地中能够比较正常地生长发育。

（2）**茎**　茎蔓生，多匍匐生长而不能直立。按年龄及作用不同，分为主干、主蔓、多年生蔓、一年生蔓（结果母蔓）和当年新梢。前三者组成骨架，后二者可结果与扩大树冠。葡萄新梢由胚芽、冬芽、夏芽或隐芽萌发而成，新梢顶芽先是单轴生长，向前延长，以后顶芽转位生成卷须或花序，而侧生长点代替顶芽向前延长，成为合轴生长。这样交替进行的结果，形成了新梢的卷须有规律地分布。

葡萄新梢由节与节间组成，节部膨大，其上着生叶片与芽眼，芽眼的对面着生卷须或果穗，内部有一横膈膜。节间较节部细，其长短因品种与长势而异。新梢的色泽及表皮附着物，品种之间差异很大，是品种鉴定的重要标志之一。

葡萄新梢上有两种芽，即冬芽（图 3-1）与夏芽。冬芽外被鳞片，是由一个主芽和数个预备芽组成。一般主芽较预备芽发达，春季发芽时首先萌发，若主芽受损，预备芽可代替之。但也有许多品种主芽与预备芽 2～3 个同时萌发。主芽与预备芽都可带有花序，但预备芽上花序较少。

葡萄冬芽当年多不能萌发，若受到重刺激后（如夏剪过重）也可萌发。夏芽为裸芽（图 3-2），不具备鳞片，不能越冬，在适宜的温湿条件下当年萌发成副梢。

图 3-1　葡萄冬芽

图 3-2　葡萄夏芽

（3）叶　叶为单叶，由叶柄、叶片、托叶组成，在枝蔓上互生排列。葡萄叶柄较长，有趋光性，可以使每片叶子获得良好的光照。叶片多为掌状，亦有近圆形，由叶柄顶端与叶片交界处分出 5 条主脉，故叶片多呈 5 裂状，但亦有 3 裂、7 裂或全缘类型。叶片背面光滑或有茸毛，表面有一层致密的角质化表皮，能防止水分蒸发。叶片的形状、大小、绒毛状况、裂刻的深浅、叶缘锯齿状况等，因葡萄种类、品种不同而有所差异，观察鉴别品种时可作为参考。

（4）花序和卷须　葡萄的花序和卷须都是由枝蔓顶部生长点发育而成。花序为复总状花序或圆锥花序，由花穗梗、花穗轴、花梗及花组成。每花序上的花数因品种而异，少者 200 朵左右，多者 1500 朵以上，大部分为两性花。花序一般在新梢的第 3～6 节处开始着生，因品种或营养状况不同，花序或只生 1 穗，或生 2～3 穗，或连续发生，或间断发生。卷须的主要作用是缠绕他物，固定枝蔓，有 2 杈、3 杈和 4 杈等类型。在栽培中为减少营养消耗和操作的麻烦，应及早去除。卷须和花芽可相互转化，营养丰富、光照充足、长日照、温度适宜时卷须可发育成花序，反之花序会停止分化，长成卷须。

（5）果实　即葡萄的果穗，由穗梗、穗轴和果粒组成，果穗中部有节，当果穗成熟后，节以上部分多木质化。大部分品种的果穗都带有副穗，即第一穗分枝特别明显。果穗因品种、营养状况、技术操作不同，其穗头大小差异显著，穗小者仅 200 克左右，穗大者可达 2000 克以上。果粒为浆果，由子房发育而成，因品种不同其果粒形状、颜色、大小、着生紧密度、肉质软硬松脆、有无种子、种子多少等性状有所不同。果粒的形状分圆形、椭圆形、卵圆形、长圆形、鸡心形等。果皮颜色分为白色、黄色、红色、紫色、黑紫色等。果粒又分有核（内含种子）和无核（不含种子），有核者，少者 1 粒种子，多者 5～6 粒，甚至更多。果粒大者，单粒质量可达 20 克以上，小者仅 3～5 克。

第二节
葡萄的花芽分化与生长结果习性

葡萄为多年生蔓生植物，其地上茎蔓、地下根系生长势均很强，年生长量大，植株寿命长。葡萄在一年的生长过程中，只要环境条件适宜，周年都可以生长枝条、发生新根。在露地栽培条件下，根一般一年有 2 个生长高峰，在华北地区，发芽后根系开始生长，6月下旬至7月中旬出现第一次生长高峰，8月中旬高温时停止生长；9月中旬又进入第二次生长高峰，但比第一次小，11月中下旬生长停止。葡萄根系的生长与地温关系密切，据观察，玫瑰香品种根系开始生长时，50厘米土层处地温为13.1℃，停止生长时为8.47℃。

葡萄的芽具有明显的早熟性，植株各部位上的冬芽和夏芽，在环境条件良好、营养充足时均能在较短的时间内形成花芽，技术措施得当，周年中可以结二次、三次甚至是多次果。葡萄的夏芽可随即萌发长成副梢，副梢的夏芽又能萌发成2次、3次副梢，甚至多次副梢。因此葡萄地上部分生长非常旺盛，具有一年多次分枝的能力。一般可分枝4～6次，年生长量达10米以上。

葡萄的顶端优势明显，其距离根部最远、着生部位最高的芽优先萌发，长出的新梢生长势最强，而下部的新梢生长势随着生部位的下降逐渐衰弱，如果不注意调控，其结果部位会迅速上移。葡萄枝蔓的生长势与枝蔓所处的位置、着生状态有很大关系，上部的新梢比下部的新梢长势旺，先端的新梢比中后部的新梢长势旺，垂直生长的新梢比斜生生长的新梢长势旺，更比水平及下垂生长的新梢长势旺。

葡萄的花芽分化与日照长短、光照强度、营养水平、温度、新梢生长状况等多种因子关系密切。

第一，长日照是葡萄分化花芽的决定性因子。在节能日光温室中，周年不揭塑料薄膜的条件下，巨峰、乍娜等葡萄品种，在13～14小时的长日照条件下，只要温度适宜、营养充足、技术措施得当、土壤水分相对干旱（以叶片不发生萎蔫为度），其冬芽45～50天即可分化发育成比较完整的花序。而在8～11小时的短日照条件下，即便其他条件都满足，其冬芽时间再长也不能分化生成花芽。因此，葡萄设施越冬、春促成栽培，其结果枝蔓的中下部冬芽难以成花，必须利用5～6月份长日照条件下萌发的上部副梢，对其加强管理，其冬芽方可发育成花芽。

第二，葡萄的营养水平高低与花芽分化关系密切，在同样土壤肥料充足的条件下，根外喷施磷钾肥、微肥及糖液，可比不喷施者提高花序率 27%～43%。

第三，对葡萄新梢及时进行摘心抹芽，抑制营养生长，利于花芽分化，可比不摘心、不抹芽者，提高花序率 17%～46%。如果土壤水分过多，新梢徒长，其冬芽几乎不能生成花序。

第四，温度条件同样影响葡萄的花芽分化。春季葡萄发芽后至开花前，白天温度 25～28℃、夜间 15～18℃利于葡萄的花芽继续分化、完善。特别是在葡萄发芽后的 20～25 天内，白天温度高于 30℃，已经长出的小花穗会发生退化，变成卷须，而在此时期，维持设施内白天温度在 23～28℃，即便发育不甚完全的花穗，也会继续分化发育，形成健壮的花穗。5～7 月期间，如白天温度高于 35℃，会抑制葡萄的花芽分化。

第三节
葡萄的物候期

葡萄与其他果树一样有一定的生长发育规律，每年随着气候变化而有节奏地通过生长期与休眠期，完成年周期发育。在年周期中进行萌芽、生长、开花、结果等一系列的生命活动，这种活动的各个时期称为物候期。

1. 生长期

已结果的植株，其生长物候期一般分为 6 个阶段：

(1) 伤流期（树液流动期） 由树液流动开始，至冬芽开始萌动为止。当土温升至 6～9℃时葡萄根系开始活动，将大量的储存营养物质向地上部输送，供给葡萄发芽之用。由于葡萄茎部组织疏松、导管粗大，树液流动旺盛，若植株上有伤口，则树液会从伤口处流出体外，称为伤流。伤流中含有葡萄生长发育所需要的营养物质，过多的流失对树体生长不利。为减少伤流发生，葡萄植株发芽前后严禁灌溉。葡萄修剪要在立冬前后进行，小雪前结束，以便于剪口愈合，减少伤流量。

（2）萌芽生长期　从冬芽萌发到开花始期约为40天。春季气温回升到10℃时冬芽开始萌发，初时生长缓慢，节间较短，叶片较小。随着气温的升高生长速度加快，节间加长、叶片增大，当气温升至20℃以后，进入新梢生长高峰期。当土温达到10～15℃时，根开始生长。萌芽期也是越冬花芽补充分化始期，发育不完善的花芽开始进行第2级和第3级的分化。该时期，需要大量的营养物质和适宜的温度条件。在管理上，一是应及时进行根外追肥，补充营养；二是要把空气温度严格控制在28℃以下，以防止花芽退化；三是要及时抹芽、定芽，减少营养物质的浪费；四是要在开花前2～3天内进行摘心（摘除生长点），抑制新梢的营养生长，促进营养物质向花穗转移，提高坐果率。

（3）开花期　从开始开花到谢花，需5～14天。同一植株上有5%的花开放为始花期，2～4天后，进入盛花期。开花期的适宜气温为25～32℃，如果温度低于15℃，则不能正常开花与受精。开花期遇到雨雾、干热风，会影响受精过程的正常进行，土壤干旱或水分过多都会引起大量落花。

（4）浆果生长期　自子房开始膨大，到浆果开始变软着色以前为止。早熟品种35～60天，中熟品种60～80天，晚熟品种80天以上。此时期结束时，果粒大小基本定型，种子基本形成，枝蔓进行加粗生长，有些品种枝蔓基部已开始成熟。在露地栽培条件下，在果粒膨大的同时，叶腋中进行着夏芽、冬芽的发育和花芽的分化，而设施栽培条件下，春促成栽培和越冬栽培，因处在短日照条件下，此阶段生长的枝条，其冬芽难以生成花芽。

（5）浆果成熟期　自果粒开始变软着色至完全成熟为止，需20～30天。在该时期内，浆果内部进行着一系列的化学变化，营养物质大量积累，含糖量（果糖和葡萄糖等）迅速增加，含酸量与单宁相对减少，细胞壁软化，果粒变软。有色品种的外果皮大量积累色素，逐渐呈现本品种固有色泽。白色品种与黄色品种果粒内的叶绿素分解，颜色变浅而成为黄色或黄白色。果粒外部表皮细胞分泌蜡质果粉层，种子成熟变褐色。

浆果成熟期养分与水的合理供应，对葡萄的产量与品质形成具有非常重要的意义。为提高品质，应加强根外喷施钾、钙、镁肥，提高果实的含糖量，促进上色，并适当控制水分的供应，停止灌溉，以防止裂果现象发生和含糖量降低。

(6) 落叶期　从浆果生理成熟到落叶为止。在露地栽培条件下，这段时间的长短各品种之间差异很大，其范围为 30～110 天。在设施栽培条件下，其栽培方式不同，差异亦很大。

日光温室春促成葡萄栽培，果实在 4～5 月份采收，采收以后，因结果蔓上的冬芽是在短日照条件下发育成的，难以形成花芽，必须立即进行修剪，选留谷雨节以后发出的新梢，重新培养新的结果母枝。这些新梢的生长发育处在长日照条件下，只要技术措施得当，其冬芽能够分化出优良的花芽。因此，这种栽培方式，其落叶期和新梢发育期连在一起，长达 150～170 天。

日光温室秋延迟葡萄栽培，果实于 11～12 月采收，落叶期仅10 天左右。

日光温室秋延迟葡萄一年二次结果，其第二次果实于 11～12月份采收，其结果蔓上的花芽，已萌发结了二次果，其植株无重新利用的价值，采收后，要立即清除，重新栽植已经培育好结果母枝（冬芽完成花序分化）的新葡萄苗木。

大拱棚早熟葡萄，落叶期为 100～130 天。

2. 休眠期

葡萄自新梢开始成熟起，芽眼便自下而上地进入了生理休眠期，叶片正常脱落后，在 0～5℃温度条件下约经过一个月左右，绝大部分品种即可满足其对需冷量的要求，这时给予适宜的温湿条件，即可以正常萌芽生长。在露地栽培条件下，因受外界自然环境条件的制约，休眠期长短，地区之间差异较大，范围为 130～200 天。日光温室越冬超时令栽培，为争取时间，应在度过需冷期后立即结束休眠，及早升温。而秋延迟栽培可以尽量延长休眠时间。

第四节
葡萄对环境条件的要求

1. 温度

葡萄对温度的适应性比较广，年平均温度在 15～23.3℃ 范围内都可生长，其最适宜年平均温度为 18℃。萌芽所要求的昼夜平均温度为 10℃；根系开始活动的温度为 7℃，10～15℃ 开始生长；生长期温度界限为 8～40℃，而最适宜温度为 28～32℃，35℃ 以上会抑制花芽分化，对其生理代谢不利，40℃ 时生长缓慢；开花期的最适宜温度为 25～30℃，低于 15℃ 则不能正常开花和受精；成熟期要求较高的温度，最适宜温度为 30～35℃，此条件下，果实成熟快、品质优良，低于 20℃ 果实成熟缓慢、品质差，低于 16℃ 则不能正常成熟。叶片同化作用温度范围为 0～43℃，28～32℃ 时最为旺盛。

2. 光照

葡萄是喜光性很强的植物，在充足的光照条件下，光合作用强，生长发育良好，结果正常，产量高、品质好。光照弱时，生长发育不良，叶片变小，叶色浅，节间长而细弱，组织成熟度差，花芽分化不良。果实成熟期光照不足，果实色泽差，含糖量低。但是如果光照过强，又会引起日灼现象发生。葡萄花芽分化时，白昼需 13 小时以上的长日照和较为充足的光照条件，若日照时间少于 13 个小时，难以形成花芽。

3. 水分

葡萄是抗旱性极强的树种，但也是喜水植物。它对水分的需要因物候期而异。萌芽之后，植株需要充足的水分，用于满足萌芽、发枝、长叶、花序发育等旺盛的生命活动所需。开花期对水分的要求一般，若土壤水分过多，空气湿度高，会阻碍正常的开花受精，造成大量落花。而土壤过于干旱又会影响花粉发芽，同样引起落花落果。浆果生长期需要有充足的水分，特别是在落花后 10 天左右，若水分不足，浆果发育受阻，果粒小，生长后期，还会发生大量的裂果现象。成熟期对水分要求最低，此时多雨会阻碍糖分积累，着色不良，品质降低，且易发生裂果现象，并加重病害。

4. 土壤与肥料元素

葡萄对土壤的适应性极强，只要能够生长其他植物的土壤，几乎都可以栽培葡萄，但以土层深厚、地下水埋深在 1.5～2 米、透气性能良好、有机质含量高的沙质土壤为好。如果土壤黏重，应掺加粗沙土改良，地下水埋深过浅，应开挖深沟排水并起高垄栽植。

葡萄对各种肥料元素的需求量，以氮最多，钾次之，再依次为钙、镁、磷、硫等大中量元素及铁、锌、锰、铜、硼、硅等微量元素。

（1）氮元素　氮是合成氨基酸、蛋白质、叶绿素、核糖核酸、磷脂、生物碱、维生素等的主要成分之一，是葡萄所需最多的一种肥料元素。如果氮肥不足，葡萄叶片色浅，叶绿素含量低，光合效能降低，生长弱，产量低，品质差。河北农科院园艺所张绍铃等对巨峰叶片和新梢矿质元素含量年周期变化规律的研究表明，氮素在叶片和新梢的含量在多数时候都是最高的（表 3-1、表 3-2）。因此栽培葡萄时必须注意氮肥的使用。

表 3-1　巨峰葡萄叶片矿质元素含量变化

日期	元素								
	氮（N）	磷（P）	钾（K）	钙（Ca）	镁（Mg）	铁（Fe）	铜（Cu）	锰（Mn）	锌（Zn）
	干重/%					干重/（mg/kg）			
5 月 15 日	2.735	0.110	1.243	0.966	0.215	353.47	11.75	39.43	75.19
6 月 15 日	2.388	0.108	0.716	1.190	0.206	341.67	9.72	34.58	41.08
7 月 15 日	2.348	0.106	0.592	1.984	0.248	515.96	9.58	54.67	37.51
8 月 15 日	1.973	0.076	0.583	1.418	0.177	358.57	5.42	38.33	38.27
9 月 15 日	2.278	0.085	0.906	1.410	0.171	255.62	5.50	43.42	44.79
10 月 15 日	1.955	0.076	0.736	1.419	0.151	143.40	5.93	47.42	51.17

表 3-2   巨峰葡萄新梢矿质元素含量的变化

日期	元素								
	氮(N)	磷(P)	钾(K)	钙(Ca)	镁(Mg)	铁(Fe)	铜(Cu)	锰(Mn)	锌(Zn)
	干重/%					干重/(mg/kg)			
5 月 15 日	1.033	0.052	0.970	0.455	0.113	78.67	10.67	12.35	47.33
6 月 15 日	0.609	0.049	0.682	0.480	0.123	43.02	8.25	10.75	35.67
7 月 15 日	0.553	0.048	0.557	0.501	0.169	49.91	9.13	12.85	43.83
8 月 15 日	0.601	0.041	0.508	0.471	0.123	53.76	9.75	14.67	38.81
9 月 15 日	0.710	0.041	0.702	0.443	0.121	56.29	9.52	18.92	59.17
10 月 15 日	0.705	0.045	0.567	0.553	0.127	57.63	9.10	22.91	62.67
11 月 15 日	0.711	0.038	0.258	0.416	0.086	59.61	10.35	11.23	67.42

(2) 磷元素　磷是植物细胞中核酸、核苷酸、核蛋白与磷脂类等物质的重要成分，也是酶与辅酶的重要成分，它与细胞分裂、光合作用、呼吸作用及碳水化合物与氮化物的代谢、运转都有密切关系。特别是三磷酸腺苷与二磷酸腺苷等化合物都是含磷化合物，它们是细胞中能量储存、传递与利用的主要媒介，在植物生命活动的各个方面，都有其重要的作用。葡萄中虽然含磷素不多，但是若磷素不足，则酶的活性降低，光合作用减弱，碳水化合物、蛋白质的代谢受阻；新梢生长细弱、叶片变小、叶色暗绿，花芽分化不良；果实着色不良、色泽差，含糖量低，品质下降；枝蔓成熟度低，抗寒能力下降。

(3) 钾元素　葡萄对钾元素的需求量比较大，虽然在叶片中的含量次于氮元素，但在果实中钾的含量比氮元素还多，是氮元素含量的 3 倍左右。钾元素在植物体中虽然不是任何代谢物质的成分，但它是植物生命活动中必不可少的一种元素，它是一种催化剂，与酶的活性、碳水化合物的代谢与运转、氨基酸与蛋白质的合成有关。在葡萄中钾元素充足，枝蔓发育充实，抗寒力提高；果实含糖量高，着色快，色泽鲜艳明亮，产量高，品质好。若钾元素不足，则葡萄光合作用效率低，同化养分减少，叶片小，果实含糖量低，味酸，着色不良，易裂果，产量低，品质差。

（4）钙、镁元素　钙元素和镁元素在葡萄叶片与新梢中的含量，各个时期都高于磷。钙和细胞壁结构有重要关系，是中胶层中果胶质的重要组成成分，能使相邻的细胞互相连接，增大细胞的坚韧性。钙元素还是 α-淀粉酶、ATP 酶及与磷脂类代谢有关酶的活性所必需的物质。葡萄钙元素不足，果粒裂果严重，采前易发生落果，储运性能差；在枝条上部的叶片边缘及叶脉间出现失绿现象，然后出现坏死斑点。

镁是叶绿素的重要成分，缺镁，则叶绿素不能形成，中下部叶片失绿。镁掺入了许多酶的辅助因子之中，在糖代谢中发挥重大作用。葡萄缺镁，叶片出现失绿现象，开始先在中下部老叶的叶脉间出现缺绿斑块，叶肉变白或变紫褐色，严重时叶片坏死、脱落。

（5）铁、硼等微量元素　铁元素既是细胞的结构成分，又是酶的辅助因子。它在植物体的氧化还原反应中起着重要作用。铁元素对叶绿素的形成是必要的，对维持叶绿体的结构也有作用，缺铁会引起叶片失绿现象的发生。葡萄缺铁，先在幼龄叶片的叶脉间出现失绿现象，严重时，叶片全部变白，叶尖与叶片边缘发生焦枯，叶片上出现坏死斑点，叶片早落。

硼元素与开花结果关系密切，花粉的形成和花粉管的生长都需要硼，它能够促进花粉管与子房的发育，提高葡萄的坐果率。硼元素对赤霉素（GA）的合成有调节作用，能影响 α-淀粉酶的活性，有利于糖类和蛋白质的代谢。缺硼时，花芽分化不良，受精不正常，落花落果严重。但硼元素过多对葡萄有毒害作用，会影响根系的呼吸作用。

锌元素是许多酶的组成成分，对于生长素、叶绿素的形成有密切关系。葡萄缺锌时光合速率和叶绿素含量都下降，且叶片变小，节间变短，果穗松散，果粒小，大小粒现象严重。

铜元素是许多氧化酶的组成成分，可在酶的转化中通过本身的氧化与还原起媒介作用。因葡萄经常喷洒波尔多液，故一般不表现缺铜。

第四章
葡萄的
苗木培育

在栽培条件下，葡萄的主要繁殖方法有两种：扦插育苗和压条育苗。

第一节
扦插育苗

扦插育苗是葡萄繁育最常用的一种方法。它可以保持本品种原有的优良特性，能在当年或第二年进入结果期，可充分利用冬季修剪下来的大量枝蔓繁育新植株，成本低，成活率高，便于操作。也可在生长季用半木质化的当年新生枝扦插。

1. 利用冬季修剪枝蔓扦插

（1）插条的采集与储藏　采集插条，结合冬季修剪进行，针对需要繁育的品种，选择优良单株取条。优良单株标准为：生长健壮，产量高，品质好，果粒整齐，成熟期一致，抗病性强，且无或较少有病虫害。插条要选取充分成熟的健壮枝蔓，每6～8节剪成一段，50～100根捆成一捆，标上品种名称，然后立即储藏。

储藏插条，一般采用窖藏方式，要选择排水良好的地方挖窖，窖的大小视插条多少而定。储藏窖一般深100厘米左右、宽100厘米左右、长视储藏枝条数量而定，窖底部先铺一层厚15～20厘米的洁净河沙，再把插条用500倍80％代森锰锌药液或5％硫酸亚铁等其他药液浸泡消毒，晾干后将插条捆按顺序平放在沙面上，每放一层插条，要铺撒一层厚5厘米左右的河沙，并注意把插条之间的空隙用河沙填实（图4-1）。插条一般排放2～4层，注意最上面的一层插条也应处在冻土层以下。插条放好以后，上面再覆盖一层细河沙，使之高于地面10厘米左右，以防止积水烂条。储藏窖要每间隔200厘米左右竖埋一捆高粱秸或玉米秸秆，以利通气。河沙的湿度，应保持含水量在10％左右为宜。储藏期间，要经常检查窖内温度，使温度维持在1～5℃，如果温度高于7℃，要注意倒窖，并减薄覆土层厚度，防止插条发热霉烂。

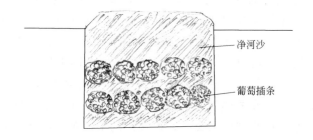

净河沙

葡萄插条

图4-1　葡萄插条储藏示意图

　　（2）插条的剪截　扦插前要将插条取出进行剪截，一般每2个冬芽剪一段，若插条紧缺时，也可每1个冬芽剪1段。若2个冬芽剪1段时，上端剪口在芽眼上部1～1.5厘米处剪截，剪口要平，下端剪口在第2芽下部剪截，剪口距离芽眼尽量长些，剪口呈马耳形（图4-2）。一个芽眼剪1段时，剪完后其插条长度不得少于8厘米，以便提高扦插成活率。

　　（3）插条处理　绝大部分葡萄的枝蔓，只要条件适宜，都可以生长不定根，发育成新的植株。但是，葡萄芽眼萌芽和发生新根所需要的温度差异较大，气温稳定在10℃以上，芽眼就能萌发，可

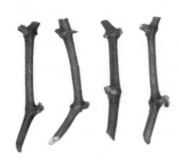

图 4-2　葡萄插条

插条要发生不定根，土壤温度须达到 20～25℃，而以 25～28℃ 时生根最快。一般在自然环境条件下直接扦插，因气温回升较地温回升快，都是先发芽后生根，发芽比生根早 10～20 天。在此期间，由于插条只发芽，不生根，对外界环境条件的适应性差，稍遇干燥，已萌发的嫩芽就会萎蔫，不但成苗率低，而且还会影响新梢的生长速度及苗木质量。因此，为提高成苗率，在扦插之前，应当先进行催根处理，让葡萄插条预先形成愈伤组织，生出不定根，然后扦插。

催根一般于二月底三月初开始进行，经常采用的催根方法有：

① 电热温床催根　先开挖一个深 30 厘米、宽 100～120 厘米的苗床，苗床长度根据插条多少而定。在苗床底部，需平铺一层厚度为 3 厘米左右的泡沫塑料保温板（或塑料薄膜，薄膜上再铺一层干燥锯木屑，木屑厚度为 10 厘米左右。如无锯木屑，也可用碎干草代替，把锯木屑压实整平，上面再平铺一层薄膜），泡沫板上面铺设电加温线（或电热毯）。如此处理后，可以防止热量下传，节约用电。电加热线铺设完成后，再在线的上面铺一层厚 2 厘米的湿沙，沙层上面放插条。

插条须先用清水浸泡 24～30 小时，后用 100 倍红糖＋2000 倍 0.001％芸苔素内酯＋10000 倍维生素 B_{12}＋500 倍天达能量合剂混合液浸泡 30 分钟。然后再每 50 条捆一捆，基端（马耳形剪口的一端）要对齐，上端向上，垂直安放于湿沙上面，然后以湿木屑填充于插条缝隙之间（注意木屑要填充实），再以湿沙覆盖，覆盖厚度以不露插条为度。

在葡萄插条催根期间，要注意保持苗床湿度与温度，插条上床后，要灌透水，以后须经常检查，注意及时补充苗床水分。苗床内需插设 2～4 个温度计，其中 2～3 个温度计插入的深度与插条基部平齐、1 个温度计插入的深度与插条上部芽眼平齐。插条上部温度应保持在 5℃以上、10℃以下，若有霜冻，夜晚可覆盖草苫保温。插条基部须适当通电加温，使温度维持在 20～28℃，15～20 天即可产生愈伤组织，开始生根。插条生根以后就可栽植于营养钵内或土壤中，发芽生长。

② 火炕或温床催根　选用回轮火炕催根，以煤火或柴草加温，炕面温度均匀，生根整齐一致，成苗率高。其方法为：先在火炕上面铺设一层 5 厘米厚的干净湿河沙，沙面上放插条，其他处理措施同上所述。

温床催根，选用马粪作酿热物为好，床深 40 厘米左右、宽 150 厘米左右，床长视插条多少而定。床底填入 30 厘米厚的新鲜马粪，整平踏实，再洒水，洒水量以马粪湿透为度，后在马粪上面平铺一层 10 厘米厚的湿河沙，沙面上放插条，其他处理措施同火炕催根。

③ 药品处理催根　以萘乙酸或生根粉＋天达-2116 等药品处理插条，也可获得良好的生根效果。使用方法为：5000～10000 倍萘乙酸或 2500 倍的生根粉药液＋300 倍天达-2116＋100 倍红糖＋200 倍硝酸钾混合液，浸泡插条 12～24 小时，取出后随即扦插。也可以用 0.1% 的萘乙酸药粉或 0.4% 的生根粉沾于插条基部后扦插，效果也很好。

（4）扦插

① 露地扦插　不是药物催根的葡萄插条，经催根处理后 20 天左右，绝大部分插条都能生成愈伤组织，有的已长出不定根，而后便可进行田间扦插，已生出不定根的插条要直接栽植，以免扦插伤根。

扦插一般在 3 月 20 日前后进行。先须整好土地，结合整地，每亩土地撒施土杂肥 3000 千克、生物菌土壤接种剂 500 克（或生物菌有机肥 40～50 千克）、高氮氨基酸肥 50 千克左右，耕翻耙细，按南北方向起高垄畦，畦高 10 厘米左右、宽 60 厘米，畦沟宽 30 厘米，然后在垄面上开两条栽植沟，沟深 8 厘米左右，两沟间距 40 厘米，沟内浇透水，水渗后放插条。插条要斜插，根端在南，覆土埋严后，基部埋深不超过 10 厘米，使之处于较为良好的温度条件下，利于发根。上端要芽眼向上，露出土面。再以宽 90 厘米的地膜覆盖，以利提高地温。插条顶端处，在地膜上开口，让插条顶芽露出膜外，使葡萄芽眼处于较低温度条件下，延迟发芽时间，缩短生根与发芽的时间差，利于提高成苗率。最后用湿土压严地膜，封闭插条顶端的地膜开口，不让插条的顶芽露出土外，以免失水和减少土壤水分蒸发，以利保墒。

②在温室内用营养钵扦插　在温室内进行葡萄扦插育苗，因为温度条件较好，土壤温度可稳定在 15～28℃，具备了生成愈伤组织、产生不定根的温度条件，只要土壤湿度适宜，不经催根，用塑料袋营养钵直接扦插，其插条成苗率亦可达到 90％左右。

方法如下：利用温室中行间空地，将其整平，铺设农膜，在农膜上面摆放营养钵。营养钵可选用直径 7 厘米左右、长 15 厘米的塑料筒，把下部折叠，装入营养土，土高 12 厘米，后用直径 1 厘米左右的竹签在底部侧面各扎一孔洞，每 2 排 1 列摆放于农膜上面，每 2 列营养钵之间须预留 10～15 厘米的间隙，营养钵侧面孔洞处于间隙一边，插入插条后在农膜上面灌溉，水分通过营养钵底部孔洞渗入钵内土壤，保持土壤湿润、透气。

营养土可选用肥沃壤土，掺加 20％的腐熟厩肥搅拌均匀配制。插条插入后，要注意适时灌溉，保持营养土湿度，以防止幼芽失水萎蔫。

2. 绿枝扦插

(1) 扦插时间　在夏季利用当年新生枝蔓进行扦插，繁育苗木，称作绿枝扦插。其扦插时间以 5 月底至 6 月上旬为好。

(2) 插条选择与剪裁　插条须选取生长健壮、发育充实、没有徒长、已半木质化的枝蔓，每 2 节剪 1 条插穗，插穗上端在芽上 1.5 厘米处剪截，剪口齐平，其叶片保留 1/4 左右；下端在节下 2 厘米处剪截，剪口呈马耳形，剪除叶片。

(3) 插条处理　扦插前需用 100 倍红糖＋500 倍天达能量合剂 ＋2000 倍 0.001％芸苔素内酯混合液浸泡插条 20～30 分钟。

(4) 扦插方法 苗床以南北方向为好，床宽 120 厘米左右、长 20 米左右，苗床培养土须选用透气性能良好的干净细沙掺加 20% 的木屑，营养土厚度 15 厘米左右，扦插时，按 15 厘米行距，开深 8 厘米的东西向小沟，在沟内按株距 10 厘米摆放插条，再覆以河沙土，埋住插条，只将上端叶片及芽眼露出土外。扦插时还应注意，要随扦插、随浇透水、随搭拱、随覆盖遮阳网遮阳。

(5) 扦插以后的管理 要注意适时喷水，保持苗床湿度达 95% 左右，以防止插条失水萎蔫，影响成活率。还应特别注意苗床的温度与光照条件，要保证苗床内既见阳光又不能高温，让插条叶片能够维持较为正常的光合作用，以满足插条生长新根、发出新芽所必需的有机营养。一般除用遮阳网遮阳降温外，还要注意经常查看苗床温度，使床土温度维持在 20～27℃ 为宜。若温度高于 27℃，应适当通风，或调整遮阳网遮阳，遮阳网不可全盖，上午只遮东半壁，中午只遮顶部，下午只遮西半壁，以防床内光照条件恶化，影响叶片的光合作用，降低成活率。

苗床管理还要注意及时喷洒 200 倍红糖＋1000 倍天达能量合剂＋300 倍溃腐灵＋6000 倍有机硅混合液，补充营养，杀灭病菌，防止病害发生。经 10 天左右，插条即可形成愈伤组织，生出幼根。15～20 天新芽萌发，25 天左右，可逐步撤去遮阳网，30 天左右，可将植株移栽于露地，加强管理，当年就能出圃。

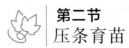

第二节
压条育苗

葡萄营养生长速度快，其枝蔓接触土壤后，可产生不定根，形成新的植株，便于利用压条方法繁育苗木。

1. 一年生枝蔓压条

准备用于压条繁育的植株，一般不进行冬剪，或只剪除病弱枝，疏除过密枝。翌年清明节前，葡萄枝蔓出土后，把枝蔓均匀平铺固定在地面上，冬芽萌发后，抹除副芽与过密芽，适当保留主芽，让其生长发育，待主芽新梢长至 15 厘米左右时，在一年生枝蔓下面，开深 8 厘米左右的条沟，将其放入沟底，覆以湿土，埋住一年生枝蔓，露出新梢，让其继续生长发育，15～20 天基部可发出新根，形成新株。只要注意管理，并于立秋前后，将老株与新株之间的老蔓切断，秋后即可出圃。

2. 当年新蔓压条

选当年生长健壮的旺枝，让其匍匐于地面生长，待其夏芽发出新梢后，每间隔 1 节抹除一节新梢、保留一节新梢，新梢长至 15 厘米左右时，在当年生枝蔓下面开沟，将其放入沟底，以湿土埋住，露出夏芽所发新梢与枝蔓延长头，让其继续生长发育，15 天左右，新梢基部可发出新根，形成新株。注意加强管理，秋后亦可出圃。

第三节
培育健壮大苗

在温室中栽培葡萄，春促成早熟葡萄一年可结两次果，但 2 次果于 11～12 月份收获，采收后因其有花序的冬芽多数已经萌发，翌年只能利用已经分化有花序的夏芽副梢作结果母枝，但这样操作会加速植株结果部位上移。

为解决结果部位上移问题，可以每隔几年，将老植株清除，重新定植新株，进行下茬生产。下茬一次果可于"五一"节前后成熟，其产量高低主要取决于苗木质量和管理水平。因此培育花序分化良好的健壮大苗，是一项重要措施，主要方法如下：

1. 营养土配制

用 8～9 份沙壤土＋1～2 份腐熟厩肥，充分混合搅拌均匀。

2. 大袋栽苗假植

选用直径 25～30 厘米、深 30 厘米的塑料袋或编织袋，底部剪孔（直径 1～1.5 厘米）2～3 个，装满营养土备用。

选扦插或压条壮苗，于清明节前后，栽入营养袋内，按 30 厘米×50 厘米株行距假植，培育大苗。

3. 假植苗床建造

在温室前面空地处，南北向开挖深 5～10 厘米、宽 80 厘米的浅沟，沟底整至水平，底部铺设宽 100 厘米的农膜，两条畦沟之间有间隔 30～40 厘米的操作行。营养袋沿畦沟边缘摆放两行，两行之间须留有宽 20 厘米左右的灌溉带。此后在灌溉带的农膜上面灌溉与追肥，通过营养袋底部的剪孔吸水，满足葡萄植株对水肥的需求。

4. 苗木管理

（1）**枝蔓调整**　葡萄苗栽植之前，于立冬至小雪之间对苗木进行修剪，剪除分枝，只保留主蔓，主蔓留 5～6 个冬芽剪截。发芽后，分别在枝干下部与顶端选留 2 个壮主芽，让其继续生长，培养结果母枝，同时可在下部保留 2 个夏芽，实行留 2 叶摘心，以利于养根。其他夏芽与副芽须及时抹除。下部新梢长至 6～8 节摘心，上部新梢长至 8～10 节摘心。摘心后，先端第 1、第 2 叶节发出的 2 次夏芽新梢，留 4 叶摘心，基部 1～2 节的夏芽及时抹除，3～6 节的夏芽留 1 叶摘心。再发三次新梢，每个新梢只保留先端 2 个副梢，留 4 叶摘心，其余的三次夏芽都须及早抹除（图 4-3）。以后再发多次新梢，仍按此法处理，每个新梢只保留先端 2 个副梢，留 4 叶摘心，其余全部抹除。

（2）**肥水管理**　4～5 月份，要加强肥水管理，小水勤浇，灌溉须在灌溉带的农膜上面进行，结合灌溉追肥 2 次，每次冲施沼气液或腐熟动物粪便，平均每株 200 克，促苗壮旺；5 月下旬，要严格控制水分，降低营养土含水量，只要叶片不发生萎蔫现象，就不要灌溉，以防止营养生长过旺，影响花芽分化。

一次新梢 二次新梢 三次新梢 一次新梢

图 4-3　葡萄新梢处理示意

（3）**加强叶面追肥**　从第一次摘心开始，结合防病用药，每 20 天左右喷洒一次 800～1000 倍"天达-2116"＋100 倍红糖＋400 倍硫酸镁＋300 倍硝酸钾＋400 倍葡萄糖酸钙＋5000 倍 0.01％芸苔素内酯＋6000 倍有机硅混合液。每 2 次药液喷洒之间加喷 1 次 300 倍溃腐灵＋400 倍磷酸二铵＋400 倍硫酸钾＋100 倍红糖＋6000 倍有机硅混合液，二者交替使用，连续喷洒至 9 月上中旬。

（4）**病虫害防治**　及时喷药保叶，确保叶片不被病虫危害。

一般只要做到以上几点，就能培育出花序分化良好、健壮的葡萄大苗。

第**五**章

设施葡萄生态栽培技术

第一节
节能日光温室葡萄春促成栽培技术

1. 选用优良品种

温室中葡萄越冬春促成栽培，应选择早熟、优质、丰产、适应性强的红旗特早玫瑰、早霞玫瑰、晨香等品种。据平度市红旗园艺场葡萄资深专家、高级农艺师谭世廷观察，在中国葡萄之乡大泽山镇所选品种在露地栽培条件下表现如下。

（1）绍星一号（彩图 5-1）　此为李绍星葡萄育种研究所推出的特早熟新品系，从萌芽到果实成熟需 80～85 天，谢花至采收 30 天左右，一般比夏黑芽变、早霞玫瑰、黑芭拉多早熟 20 天左右。其果穗大，易坐果，果粒圆球形，紫红至紫黑色，完熟黑色，单粒重 6 克左右，无大小粒现象；果肉脆甜，有较浓玫瑰香味，可溶性固形物含量高者可达 20%，口感佳；抗裂果，耐储运。绍星一号植株树势强旺，易分化花芽，抗病能力强。

（2）晨香（彩图 5-2）　欧亚种，比夏黑早熟 15 天左右，是极难得到的极早熟无核品种。江浙地区避雨栽培 6 月下旬即可上市，果穗整齐，无需疏花疏果，坐果适中，不落粒，果粒椭圆形，黄绿色，平均单粒重 10 克，果肉细腻，香甜可口，可溶性固形物含量 18％～20％，有纯正的玫瑰香味，果皮可食用，品质优良。该品种树势强健，不徒长，枝条成熟度好，易分化花芽，丰产性能高。

(3) 早霞玫瑰（彩图 5-3） 大连市农业科学研究院培育，2012年通过品种登记。其果穗大，平均单穗重 800 克；果粒近圆形，大小一致，平均粒重 5.7 克，不裂果、不落粒，果粉适中，商品性好；果肉硬脆，成熟后深紫色，硬度适中，皮薄无涩味，可溶性固形物含量 14％～17％，高者甚至达 20％，有浓郁的玫瑰香味，初成熟期鲜红色，充分成熟紫黑色，露地 7 月下旬即可上市；花芽分化好，耐弱光和散射光，着色好，日光温室栽培可在 4 月份成熟上市。早霞玫瑰是目前国内设施栽培的优秀早熟品种。

(4) 红旗特早玫瑰（彩图 5-4） 此为平度市红旗园艺场高级农艺师谭世廷从玫瑰香芽变中选育的特早熟品种，露地栽培条件下，4 月上旬萌芽、5 月下旬开花，7 月上旬成熟，从萌芽到成熟约 90天，比京亚等早熟 15 天左右。其果穗大，圆锥形，平均单穗重700 克左右，最大单穗重 1500 克；果粒圆形至短椭圆形，果粒大小较玫瑰香整齐，平均单粒重 7 克，最大 10 克，着生较紧密，果皮较薄，成熟后有玫瑰香味，可溶性固形物含量在 18％～20％，最高 21％，品质优；果皮初始绿色，成熟前转粉红色，进而变红色，充分成熟后为紫红色；果肉比玫瑰香硬，不易脱粒，耐贮运。植株生长势中庸，较抗病，丰产，露地栽培第二年亩产可达 1500千克，密植栽培第二年亩产达 2500 千克左右。

注意，因该品种坐果率高，果皮薄，水分不均时有裂果现象，管理上须晚摘心，降低坐果率，坐果后小水勤浇，保持土壤水分均匀，预防裂果现象发生。

(5) 弗雷无核（彩图 5-5） 火焰无核葡萄（Flame Seedless），别名弗雷无核、红光无核、红珍珠，欧亚种，原产美国，为美国FRESNO 园艺试验站杂交选育的无核品种，1983 年引入我国。在露地栽培条件下，该品种于 4 月上旬萌芽、5 月下旬开花、7 月下旬成熟，从萌芽至浆果成熟约需 110～120 天。

其嫩梢绿中带微红色，无茸毛，新梢半直立、绿色；幼叶淡紫红色，上表面无茸毛、下表面有稀疏茸毛，有光泽；成龄叶片中等大、绿色、较薄，叶面皱缩，有光泽，心形，叶片深 5 裂，锯齿中锐，双侧凸，上裂刻中，下裂刻浅，叶柄洼拱形。一年生成熟枝暗红褐色，节间中等长，两性花。

该品种果穗较大，呈圆锥形，穗形较紧密，平均单穗重 800 克左右，最大穗重达 1500 克，果粒近圆形，果实鲜红色或紫红色，平均单粒重 3.5～4 克，经赤霉素处理后可达 5～6 克。果肉硬脆，果皮薄，果汁中等，酸甜适口，可溶性固形物含量为 18％～21％，无核，品质优良。

植株生长势强，萌芽率 67％，结果枝占总枝条的 81％，每果枝平均着生果穗数为 1.2～1.4 个，隐芽萌发的新梢和副梢结实力较强，果实成熟期一致，丰产，适应性强，抗病性、抗寒性较强。

（6）夏黑无核（彩图 5-6） 由"巨峰"和"无核白"杂交选育的欧美杂交种，早熟品种，露地栽培条件下，4 月上旬萌芽、5 月下旬开花、7 月下旬成熟。其丰产性、稳产性、抗病性强，果穗较大，平均单穗重 600～800 克，果粒着生中等紧密，用膨大素处理后平均单粒重 7～9 克，大小整齐，果皮较厚，成熟后紫黑色，有弹性，可溶性固形物含量 18％～21％，浓甜爽口，有浓郁的草莓香味。

注意：该品种产量不宜过高，否则易诱发穗枯病，其在南北方都可种植，南方露地栽培要采用大棚避雨设施较好。

（7）黑色甜菜（彩图 5-7） 由"先锋"和"藤稔"杂交培育的欧美杂交种。2006 年从国外引进的早熟品种，露地栽培条件下，4 月上旬萌芽、5 月下旬开花、7 月中下旬成熟，丰产性、稳产性、抗病性强。其果穗圆锥形带歧肩，平均单穗重 500 克左右，最大穗重可达 1000 克；果粒较大，平均单粒重 13～15 克，最大可达 20 克；成熟后果皮为黑色或紫黑色，可溶性固形物含量在 17％～18％，皮厚，硬脆不裂果，耐贮运，可以无核化。

注意：果粒、果穗不宜太大，产量不宜过高，无核处理浓度不宜过浓，易感穗枯病。

(8) 红芭拉多 又称红芭拉蒂（彩图 5-8），是由"芭拉多"和"京秀"杂交培育的欧亚种，为早熟品种，露地栽培条件下，4 月上旬萌芽、5 月下旬开花、7 月中下旬成熟，丰产性、稳产性、抗病性强。其果穗呈圆锥形，一般穗重 500～600 克，最大穗重可达 1500 克左右；无需疏花疏果，果粒长椭圆形，成熟后为鲜红色或花红色，着生中等紧密，大小整齐，平均单粒重 9～11 克，可溶性固形物含量在 18％～21％，果粉薄，皮薄，肉脆，味甜，可以无核化，品质优。用 SO4 作砧木，其嫩梢和幼叶呈红色，用贝达砧木则呈黄绿色。

注意：产量不要太高，注意预防穗枯病。

(9) 黑芭拉多 又称黑芭拉蒂（彩图 5-9），是由"米山 3 号"和"红芭拉多"杂交培育的欧亚种，2008 年从日本引进的早熟品种，露地栽培条件下，4 月上旬萌芽、5 月下旬开花、7 月下旬成熟，丰产性、稳产性、抗病性强。其果穗呈圆锥形，平均单穗重 500 克左右，最大穗重 750 克；果粒着生中等紧密，无需疏花疏果，大小粒整齐，果粒长椭圆形，成熟后紫黑色，平均单粒重 8～10 克；果粉较多，皮薄，肉脆，味香甜，种子 2～3 粒，可以无核化，可溶性固形物含量 19％～21％，最高可达 23％；成熟后挂果时间长。

注意：产量不要太高，预防穗枯病。

(10) 早生内马斯（彩图 5-10） 由"巴拉多"和"内欧马斯卡特"杂交培育的欧亚种，早熟品种，露地栽培条件下，4 月上旬萌芽、5 月下旬开花、7 月中旬成熟，丰产性、稳产性、抗病性强。其果穗较大，大小穗整齐，平均单穗重 500 克，最大穗重 800 克；果粒着生中等紧密，成熟后绿黄色，一般单粒重 7～10 克；果肉致密，香甜味美，口感独特、有荔枝的味道，可以无核化，可溶性固形物含量 18％～21％，品质优。

注意：产量不要太高，预防穗枯病。

(11) 京秀（彩图 5-11） 欧亚种，中国科学院北京植物园杂交育成的早熟品种，露地栽培条件下，4 月上旬萌芽、5 月下旬开花、

7月中下旬成熟，从萌芽到成熟需109～115天。其嫩梢为黄绿色，无绒毛，幼叶较薄，无绒毛，阳面略有紫红色，成叶中大，心脏形，5裂，上裂刻深，下裂刻浅，叶缘锯齿较锐，叶柄紫红色，叶柄洼矢形或拱形；果穗圆锥形，单穗平均重500克，最大穗重1000克，果粒椭圆形，平均单粒重6.3克，最大粒重9克，果粒均匀，较紧密，果皮玫瑰红色或鲜紫红色，果肉脆，可溶性固形物含量14%～17.6%，味甜，品质优。该品种生长势强，较丰产，在温室中栽培，须控制长势，促进花芽分化。

(12) 乍娜（彩图5-12） 欧亚种，早熟品种，露地栽培条件下，4月上旬萌芽、5月下旬开花、7月下旬成熟，从萌芽到成熟约121天。其新梢为绿色，带紫色条纹，有稀疏绒毛；幼叶紫红色，有光泽，叶背有稀疏绒毛，成叶心脏形，5裂，上裂刻深，下裂刻浅，叶背有稀疏绒毛，叶面无毛，较粗糙，叶缘锯齿大，叶柄洼拱形，叶柄长，粉红色；果穗大，长圆锥形，平均单穗重850克，最大穗重1300克，紧密度适中；果粒短椭圆形，果粒大，平均单粒重9.6克，最大粒重17克，果皮粉红色，肉质脆甜，有清香味，可溶性固形物含量15%～16%，品质中上。

(13) 维多利亚（彩图5-13） 由罗马尼亚引进，早熟品种，露地栽培条件下，4月上旬萌芽、5月下旬开花、7月中下旬成熟，从萌芽到成熟约110天。其嫩梢为绿色，有极稀疏绒毛，节间绿色；幼叶黄绿色，边缘稍带红晕，有光泽，叶背绒毛稀疏，成叶近圆形，黄绿色，中等大，3～5裂，下裂刻较深，锯齿小而锐，叶柄洼开张，宽拱形，叶柄黄绿色；一年生成熟枝条黄褐色，节间中等长；果穗大，圆锥形或圆柱形，平均单穗重630克，最大穗重1000克左右；果粒着生较紧密，粒大，长椭圆形，大小均匀一致，美观，平均单粒重9.5克，最大粒重13克；果皮黄绿色，充分成熟后金黄色；果肉硬而脆，味甘甜爽口，品质佳，可溶性固形物含量16%～18%，果肉与种子易分离。其植株生长势中庸，结果枝率高，结实力强，抗病，丰产，不易脱粒，较耐贮运。

(14) 京亚（彩图5-14） 欧美杂交种，由中国科学院北京植物

园从黑奥林实生苗中选出的 4 倍体早熟品种，露地栽培条件下，4
月上旬萌芽、5 月下旬开花、7 月下旬成熟，从萌芽到成熟约 114
天。其嫩梢为黄绿色，夹带紫红色，有稀疏绒毛；幼叶绿色，叶缘
带紫红色，叶背有绒毛，成叶近圆形，5 裂，中大，深绿色，叶柄
洼为开张矢形；果穗圆锥形或圆柱形，果穗平均重 400 克，最大穗
重 800 克；果粒椭圆形，较紧密，平均重 10.8 克，果皮紫黑色，
果粉厚，肉质较软，汁多，有草莓香味，可溶性固形物含量
13.5%～18%，品质中上。其植株生长势较强，抗寒、抗病力较
强，适应性强，较丰产。

2. 定植

定植分春栽、夏栽、冬栽和枝条扦插定园四种方式。

（1）整地与施肥 每亩均匀撒施优质有机肥 5000 千克（或腐
熟鸡粪 2500 千克，或大粪干 3000 千克）+硅钙钾镁土壤调理剂 100
千克（或硫酸钾 60 千克+过磷酸钙 50 千克+硫酸镁 20 千克+硫
酸锌 2 千克+硫酸亚铁 5 千克+硼砂 2 千克）+旺得丰土壤生物菌
接种剂 500～1000 克（或生物菌有机肥 40～50 千克）。以上各种肥
料要与有机肥料、生物菌接种剂掺混均匀，发酵后均匀撒于地面，
撒后旋耕，使肥土掺混均匀。

（2）开挖栽植沟 温室内栽培葡萄必须是南北行向，温室采光
面拱架间距 100 厘米者，按行距 200 厘米开挖栽植沟，栽植沟的中
心处于拱架的垂直投影处，可预防滴水伤苗。按株距 40 厘米定植，
每亩栽 1100 株。采光面拱架间距 120 厘米者，葡萄行距亦需 120
厘米，在每个拱架的垂直投影处开挖栽植沟，按株距 50 厘米栽植
于沟的中心线上，每亩栽 1100 株。

栽植沟深 30 厘米、上宽 80 厘米、底宽 60 厘米，先将表层肥
土堆放在栽植沟的左侧，后清除底部生土，堆放于栽植沟的右侧，
然后整平沟底，在沟底铺设幅宽 60 厘米、厚 5 厘米的塑料泡沫板，
板上铺设 80 厘米宽的塑料农膜，铺底、遮壁高 10 厘米，后回填表
层营养肥土至沟满，灌透水沉实后定植。

土壤底部铺设泡沫板可防止葡萄栽植行的土壤热量向下传递，能显著提高土壤温度；底部铺设塑料薄膜，比较彻底地解决了土壤的漏水漏肥问题，每年可节约用水 50％左右、节约用肥 40％左右。

（3）栽植

① 春栽　春栽于 2～3 月份定植，选用一年生扦插壮苗，剪留 4～6 个冬芽。整地、施肥、开沟方法如前文所述。将苗木按 40 厘米株距，摆放在灌过水的栽植沟中心线上，生土撒在操作行的沟底部，以表层肥土埋根、封土垄，垄高 20～25 厘米、宽 60～70 厘米，垄面呈龟背形。后抖动并轻轻提升秧苗，使根伸展，让主干的大部分斜向露出地面。然后用 1000 倍天达能量合剂＋1000 倍旺得丰土壤生物菌接种剂混合液浇灌苗根，每株 500 毫升左右，让根与土壤充分接触。再次封土，打碎坷垃，整理土垄，呈龟背形。后在土垄边际处铺设滴灌管，再用宽 150～180 厘米的旧农膜覆盖操作行，将整个操作行封闭严密，并在植株根际处再次封土堆，土堆直径 10 厘米左右、高 2 厘米左右，压住农膜，防止根际处释放热气，熏蒸秧苗。

② 夏栽　夏栽须选用温室营养钵扦插的壮苗，带叶、带营养土块定植。整地、施肥、开沟方式同春栽。定植沟灌水后再次封土，整成高 20～25 厘米、宽 60～80 厘米的土垄，在土垄的正顶部中心线处按 40 厘米株距开穴、放苗，后浇灌 1000 倍天达能量合剂＋1000 倍旺得丰土壤生物菌接种剂混合液 500 毫升，水渗后覆土，切忌按压，以免造成土坨破碎，引起伤根，降低成活率。栽后铺设滴灌管，并在土垄上面覆盖干碎草 5 厘米厚保墒。

③ 冬栽　对在一年中已结过两次果的葡萄植株，原有植株当季结果能力较差，无利用价值，采收后老株须全部清除，然后立即于 11～12 月份重新定植花芽分化良好的大苗，方能早春结果。这种栽培方式一般称之为冬栽。

栽植前，先将要定植苗 2 个结果母枝上的 2 次枝全部剪除并剪除结果母枝顶部的 2 个冬芽，再把下部主干上的 2 次枝蔓全部剪除，然后定植。定植时，整地施肥、开挖栽植沟方式同前。待栽植沟内灌水渗下后，按株距 40 厘米放苗，放苗时须注意轻拿轻放，不可碰散营养钵内土坨，按大苗在北，小苗在南，苗木的两条结果母枝呈南北向排列。

苗子放好后，用刀片从两侧把营养钵割切成两部分，再从底部轻轻抽出，然后封埋肥土，整成龟背形土垄，垄高 25～30 厘米、宽 60～80 厘米。要把葡萄苗基部 10 厘米左右的主干斜向埋入土内，促发不定根，增加根量，以利壮苗。苗子栽好后，每株的根部亦须浇施 1000 倍天达能量合剂＋1000 倍旺得丰土壤生物菌接种剂混合液 500 毫升，以促进发根及预防根部病害发生。而后铺设滴灌管，覆盖农膜。

④ 直接用葡萄插条扦插定园　温室内栽培葡萄，可采用优质葡萄插条直接扦插定园，整地、施肥、开挖栽植沟、作垄同春栽。扦插需在 2 月初至 2 月中旬前进行，最迟于 2 月底前结束，以便确保秧苗在当年秋季结果，阳历年前后采收。

扦插时插条处理方法、扦插方法同葡萄扦插育苗，株距亦为 40 厘米，插后在土垄边际处铺设滴灌管，后在操作行处铺设农膜，全面封闭土垄与操作行地面。插条处再次覆土将插条全部埋严，并封闭农膜口。

需要注意，扦插的同时须培育少量营养钵苗，扦插没有成活的，须及时补栽营养钵苗。

3. 定植后的管理

(1) 采用篱壁架整枝方式　在温室内栽培葡萄，要改棚架整枝为篱壁架整枝。如果采用棚架整枝方式，由于棚架的遮阳作用全面，室内土壤难以见光（图 5-1），土壤温度低，制约葡萄植株根系发育，降低了根系活性和吸收肥水的能力。因此应采用南北向篱壁式架面整枝，以便葡萄植株和土壤充分见光（图 5-2），提高土壤温度，促进根系发达、提高根系活性，增强叶片的光合效能，达到高产、优质、高效之目的。同时为充分利用室内空间，室内最北边的植株可采用小棚架整枝方式（图 5-3），以提高室内葡萄经济效益。

图 5-1 温室棚架遮阳光照不足

图 5-2 温室葡萄篱架
栽培与全面积覆盖地膜

图 5-3 前篱架后部小棚架

温室设施栽培葡萄，其栽植密度高达 1100～1400 株/亩，每株分上下 2 层，只留 2 个结果母枝，每个结果母枝只留 2 个结果枝，不留预备枝。每亩留有 2200～2800 个结果母枝、4400～5600 个结果枝。每一结果枝只留一穗葡萄，每亩留有 4400～5600 穗果实。结果枝与葡萄果穗分上下两层分别绑缚于第二、三道铁丝上，做到株密枝不密，枝条分布均匀合理，光照条件良好，光合效能高，可确保稳产 2000～4000 千克/亩优质葡萄。这样整枝的葡萄产品色泽鲜艳，含糖量高、品质优，并且简化了管理技术，易学好懂，可实现标准化管理。

（2）肥水管理 春栽与夏栽苗子定植后 30～40 天，需滴灌小水，适度勤浇，结合灌水追肥 1～2 次，第一次在新梢长 20 厘米左右时，每亩浇施腐熟粪稀 300～500 千克。4 月下旬前后，再次灌溉，结合灌溉每亩浇施腐熟粪稀 500～1000 千克。追肥时，先打开滴灌管进行滴灌，后逐行浇灌粪稀。浇灌粪稀时，可揭开行间农膜，再在滴灌管沿线处浇灌粪稀。注意要揭开一行、浇灌一行，每浇一行粪稀，浇后要立即覆严农膜，封闭土面，以防挥发氨气，损伤植株叶片。5 月中旬后需严格控制灌溉，促进根系向深层发展，抑制新梢旺长，以利于促进花芽分化。

（3）枝蔓调整 因栽植方式不同，其处理方法也有所区别。

① 春栽葡萄枝蔓调整方法 发芽后选留两个壮芽，让其发育成主蔓，其余各芽全部抹除。下部主蔓长至 6～7 节摘心，上部主蔓长至 10～12 节时摘心（这两个主蔓将作为翌年的结果母枝）。摘心后，先端的第 1、第 2 叶节的夏芽发出的副梢（2 次新梢）留 4 叶摘心，第 3、第 4 叶节的夏芽发出的副梢（2 次新梢）留 2 叶摘心，下部各叶节夏芽发出的副梢及卷须一概抹除。各副梢再发 3 次新梢时，除各主蔓先端的副梢，保留先端 2 个 3 次新梢外，其余各副梢全部抹除。留下的 3 次新梢，仍留 4 叶摘心。以后再发多次新梢时，每个结果母枝只保留先端一个新梢，连续 4 叶摘心处理即可（图 5-4）。

② 夏栽葡萄枝蔓调整方法 定植的同时摘除枝蔓生长点，抑制其营养生长，促发新根，以利成活。幼苗发出新芽后，选一壮芽，让其发展延长，作主蔓培养（此主蔓将作为翌年的结果母枝），待其长至 7～8 叶时摘心，其余各芽皆留 2 叶摘心。再发副梢时，除主蔓延长枝的保留外，其余各分枝的副梢全部抹除。主蔓延长枝所发的副梢，先端两个留 4 叶摘心，其余各副梢及时抹除。再发多次副梢时，其处理方法同春栽葡萄（图 5-5）。

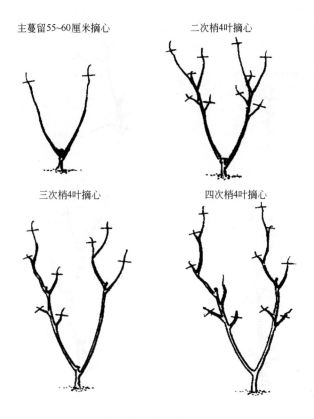

图 5-4　春栽葡萄苗木抹芽摘心示意

　　③ 2 月份用插条扦插定园的葡萄枝蔓调整方法　　冬芽萌发后，选留一壮芽，作主干培养，其他副芽及早抹除。主干新枝在 4 月上旬前留 6～8 芽摘心，再发的二次枝，在其下部和顶部各选留一壮枝，培养结果母枝，其他分枝及早抹除，集中营养供结果母枝生长发育。下部结果母枝长至 6～8 叶摘心，顶部结果母枝长至 8～10 叶时摘心。摘心后再发 3 次分枝，下部 2 节叶腋所发 3 次分枝及早抹除，中部 3～6 节叶腋所发 3 次分枝留一叶摘心，顶部 2 节叶腋所发 3 次分枝留 4 叶摘心。再发 4 次分枝，除顶部 4 个 3 次枝各自保留顶部一个 4 次枝、4 叶摘心外，其他所有 4 次枝必须在萌发初期及早抹除，抑制营养生长，预防其旺长，减少有机营养消耗，集中养分用

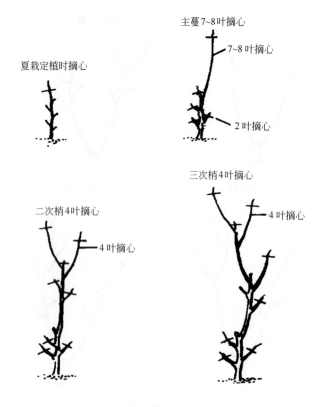

图 5-5　夏栽葡萄秧苗处理示意

于冬芽分化花芽。再发 5 次分枝，仍然只保留顶部 4 个，各留 4 叶摘心，其他 5 次枝及早抹除（图 5-6 所示为夏芽处理示意图）。

（4）枝蔓上架　先在葡萄行的正上方，南北向拉三道铁丝，第一道离地面 40 厘米，第二道离地面 80 厘米，第三道离地面 120 厘米。待幼苗下部结果母枝长至 60 厘米时，用纤维采用"8"字形扣将枝蔓绑缚固定于第一道铁丝上（或用绑蔓器绑蔓）。上部结果母枝长至 90 厘米时，绑缚于第二道铁丝上。待枝蔓继续延长后，再分别固定于第二、第三道铁丝上。

（5）根外追肥　新叶展开后，每 15～20 天喷洒一次 800 倍天达能量合剂（或天达-2116 果树专用型）＋ 300 倍硝酸钾＋

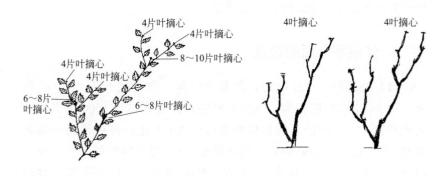

图 5-6 夏芽处理示意图

100 倍红糖＋400 倍硫酸镁＋400 倍葡萄糖酸钙＋300 倍溃腐灵（或靓果安）＋2000 倍 0.001％芸苔素内酯＋6000 倍有机硅混合液。每 2 次用药之间喷洒 1 次 400 倍硫酸钾＋400 倍磷酸二铵＋100 倍红糖＋6000 倍有机硅混合液，促进冬芽分化花芽，培育健壮结果母枝，预防病害发生。

（6）病虫害防治

春栽葡萄在冬芽开始萌动时，要细致喷洒一次 5 波美度石硫合剂＋3000 倍有机硅药液。新梢长至 20 厘米左右时，喷洒一次 300 倍靓果安（或溃腐灵）＋800 倍天达能量合剂＋100 倍红糖＋300 倍硝酸钾＋400 倍硫酸镁＋400 倍葡萄糖酸钙＋6000 倍有机硅混合液。后每次下雨之前，或灌溉之前喷洒一次。亦可喷洒 200 倍少量式波尔多液＋6000 倍有机硅＋400 倍硝酸钾混合液等药液，每 2 次用药之间须喷洒 1 次 400 倍硫酸钾＋400 倍磷酸二铵＋100 倍红糖＋6000 倍有机硅液，促进冬芽分化花芽，预防病害发生。

夏栽葡萄定植后随即喷洒一次 300 倍溃腐灵＋800 倍天达能量合剂＋150 倍红糖＋300 倍硝酸钾＋400 倍硫酸镁＋400 倍葡萄糖酸钙＋6000 倍有机硅混合液，以后每 15 天左右喷洒一次，或喷洒 200 倍少量式波尔多液＋400 倍硝酸钾混合液。

若发生叶蝉等虫害，喷洒药液时，可掺加 500 倍 0.7％苦参碱＋400 倍 1.5％除虫菊素，消灭之。

4. 休眠期前后的管理

（1）施基肥　9 月中旬，葡萄落叶前，在行间开深 30～40 厘米、宽 30 厘米的施肥沟，每亩施腐熟畜禽粪 3000～4000 千克（或优质厩肥 4000 千克），掺加硫酸钾 30～50 千克＋硅钙钾镁土壤调理剂 50 千克（或过磷酸钙或钙镁磷肥 50 千克＋硫酸锌 1.5 千克＋硼砂 2 千克＋硫酸亚铁 3～5 千克＋硫酸镁 15 千克）＋土壤生物菌接种剂 500～1000 克或生物菌有机肥 40～50 千克。以上各种化肥、土杂肥、生物菌要掺混均匀，发酵腐熟后与土掺混分层填入施肥沟深 2/3 以下处，然后灌透水。水渗后，地面显干时，细致锄地，留住没有填土的 1/3 深施肥沟不回填，待修剪结束后，再把落叶、剪下来的枝条、杂草全部回填入施肥沟内，封土埋沟，大水漫灌越冬水，地表显干时，结合锄地，重新把葡萄行整修成高 30 厘米、宽 70～80 厘米的龟背形土垄，并覆盖农膜。

（2）冬季修剪　冬剪要在大雪前 15 天内完成。每株选留冬芽饱满的枝条 2 个作为翌年的结果母枝（夏栽葡萄留一个结果母枝），下部结果母枝留 3～4 芽剪截，上部结果母枝留 4～6 芽剪截。其余所有枝条、卷须等全都剪除。注意剪口必须在其留下的冬芽前部的冬芽处剪截，斜向下剪，既要把该冬芽剪除，又要保留节间处的隔层，以便减少伤流，保护后部冬芽所发新梢，使之生长健壮。对春栽苗和插条扦插定园的植株，亦只留两条结果母枝，其余所有 2 次、3 次、4 次分枝和残留卷须全部剪除（图 5-7）。

（3）闷棚灭菌杀虫　修剪结束，更换采光面农膜之前，要进行闷棚灭菌。方法是：在棚内后部操作道上点燃硫黄粉 2 千克/亩，点燃时需事先分 3～4 处堆放豆秸或麦草，每处 1 千克左右，豆秸或麦草上面撒麦糠或锯末，以防点燃时火苗过旺，引燃薄膜。麦糠或锯末上面撒硫黄粉，然后点燃豆秸或麦草，引燃硫黄粉，熏蒸杀菌灭虫，闷棚 2～3 天。注意闷棚的室温不得超过 32℃，如果白天温度高于 30℃，可适当放下少量草苦遮阳、降温至 30℃以下。

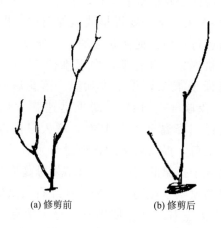

(a) 修剪前　　　　　　(b) 修剪后

图 5-7　冬季修剪示意图

　　硫黄粉燃烧后生成三氧化硫和二氧化硫，具有强烈的杀菌灭虫作用，可杀灭设施内的各种病菌与红蜘蛛、介壳虫等，为升温后葡萄的生长发育创造一个无病虫害或少病虫害的环境条件。

　　(4) 科学调控室内空气温度　　闷棚结束后，及时更换新农膜，随即快速降温。白天加盖草苫或保温被，防止阳光辐射增温，夜晚揭开保温覆盖物，最大限度地开放底风口和顶风口，加速夜晚室内空气流通，排除室内热量，促其尽快降温。待室温降至 7℃ 以下并稳定后，夜晚可不再揭帘，可开大风口，使室内维持在 4℃ 左右的低温条件，加速完成休眠。12 月上旬开始提温，增温应逐渐进行，不可操之过急。可先关闭风口，白天每隔 2～3 帘揭开 1 帘，使室内温度提高至 7～10℃，夜晚覆盖草苫保温。2 天后，可每隔 1 帘揭开 1 帘，使室内温度提高至 10～15℃；5～7 天后，白天可把草苫全部揭去，适当开启风口，使室内温度维持在 15～20℃，夜晚覆盖草苫保温。10 天后，可把室温提高到 20～25℃，夜晚维持在10℃以上。以上温度条件维持 15 天左右，葡萄即可发芽。发芽后白天继续维持 20～27℃，夜晚维持 10～15℃。注意，如果此期升温过快，容易造成发芽不整齐，生长快慢不一致。果穗生长期，白天维持 25～28℃，夜晚维持 12～16℃，严禁出现 28℃ 以上的温度，预防花穗退化，需保证花穗健壮，保持稳步、正常的生长发育。花穗基本成形后 2～3 天，下午要提早放盖保温被，提高夜温至 16～20℃，以高夜温进行拉穗，促使花穗加长、分枝散开，预防幼果膨大时出现果粒拥挤现象。开花期，白天维持 25～30℃、夜晚 17～20℃，如果夜温低于 15℃，须生火加温。落花后一周前后，白天维持 25～32℃、夜晚 15～18℃。幼果迅速膨大以后，白天维持 25～35℃，夜晚适当降温至 12～15℃，增大昼夜温差，加速糖分积累，促进快速上色，提高果实的含糖量与品质。

（5）打破休眠　提温的同时，要对结果母蔓涂石灰氮或葡萄破眠素。石灰氮又名氰氨基化钙，葡萄冬芽经石灰氮处理后，可比未经处理的提前 15 天左右发芽。使用时，每 1 千克石灰氮，用 5 千克 50℃热水在塑料桶内浸泡，并不停地搅拌 1～2 小时，使其成糊状，以免结块。涂抹前，为提高黏着性，可向溶液内掺加千分之一的乳胶或"土温-20"。药液调好后，以毛笔或棉球蘸药液涂抹冬芽基部。每一结果母枝只涂先端 2～3 个饱满芽。涂抹完成后，再以地膜覆盖植株，保持湿度，提高药效。葡萄破眠素用 20～25 倍液抹芽，方法与涂石灰氮相同。

（6）土壤喷洒生物菌接种剂　闷棚后 10～15 天，须对地面喷洒土壤生物菌接种剂 500 克/亩。土壤生物菌接种剂可促进土壤形成团粒结构，提高土壤保肥保水能力，减少肥料流失，并使土壤疏松透气，利于根系发育；也能促进释放土壤中已经被固化的磷、钙、镁、铁等元素，提高土壤肥力；还可抑制土壤中有害微生物的发生发展，减少病害发生。

土壤生物菌接种剂喷洒后，要随即搂锄地面，有条件者地面最好全面积覆草 5～10 厘米，草上再覆盖地膜或无纺布。覆草可用麦草、稻草、玉米秸秆、麦糠等。

如此处理有以下作用：一是能减少土壤水分蒸发，保持土壤含水量，提高并稳定土壤温度；二是能减缓人工操作时对地面的压力，减轻土壤板结；三是碎草可吸收土壤蒸发的水分，降低棚内湿度，减少病害发生；四是碎草吸收水分后，经土壤微生物作用会发酵释放二氧化碳，可显著增强葡萄叶片的光合效能，使葡萄植株健壮，达到高产优质。

5. 升温发芽后的管理

（1）抹芽摘心 葡萄发芽后，每个结果母枝只选留比较饱满、粗短（伸蔓后会带有果穗）的两个主芽，让其生长发育成结果枝。其他萌芽及副芽要及早抹除。这样可减少储备营养消耗，利于新梢、果穗的生长发育。

（2）花穗调整 花穗明显伸长后，要选晴天中午前后摘除副穗、掐去穗尖，掐除部分约占全穗长的四分之一，以集中养分供应留下的花序生长发育，提高坐果率，防止果穗松散现象发生。幼果长至黄豆粒大小时，要及时疏除小粒与密集粒，提高果粒整齐度。

（3）果穗处理 花穗开花后，可在盛花期和落花后 10 天左右，两次用 25～50 毫克/千克的赤霉素药液或 10 毫克/千克的葡萄专用膨大素药液处理果穗。需要注意的是，不同品种，其药液浓度、处理时间不尽相同，需通过试验，筛选最佳浓度、最佳时间进行处理。

具体方法是：用广口容器盛装药液，然后将葡萄穗全部浸入药液中。蘸药要在晴天上午 10 时前或下午 3 时后进行，要逐株逐穗蘸，做到不重蘸、不漏蘸。此法处理后，能促进葡萄果粒膨大，提前 5 天左右成熟，并能提高无核率，甚至长成无籽葡萄。

（4）绑蔓上架 绑缚上架分多次进行，葡萄发芽前要将结果母枝分两层绑缚在第 1、第 2 道铁丝上，要做到架面分布均匀。新梢长至 50 厘米左右，基部半木质化时，要适时绑缚结果枝上架。上架时，每株葡萄分上下两层绑缚固定，结果枝不得垂直上架，要斜向上架，分别绑缚固定、均匀分布在第 2、第 3 道铁丝上。注意要细致操作，防止损伤花穗和嫩梢，并要排列整齐、均匀，用纤维结"8"字形扣（图 5-8），将新蔓固定于铁丝上（或用葡萄绑蔓器绑缚）。当新蔓再次长长后，可分次固定于第 3、第 4 道铁丝上。

图 5-8　8 字形绑缚枝条示意图

(5) 夏芽调整　结果枝的每个叶腋间大都会生长夏芽，对已经萌发的夏芽，基部 2 节的芽子要及早抹除，第 3～6 节的夏芽各留 1～2 个叶片摘心，7 节以上的各叶节间的夏芽要及早抹除，只让顶端生长点延长生长。待花穗开花前 1～2 天，立即摘除所有生长点（红旗特早玫瑰品种须坐果后摘心，预防坐果率过高、粒小），以利幼果膨大。摘心后，再发二次新梢，除顶部保留 2 个夏芽新梢，留 4 叶摘心，其上再发三次新梢，可实行连续 4 叶摘心。其他所有 2 次、3 次、4 次夏芽都要及早抹除，尽量减少营养消耗，以利促进坐果、幼果膨大、花芽分化。

(6) 追肥与灌溉　葡萄越冬之前，须浇一次透水，以后应适当控制灌溉，特别是发芽前严禁灌溉，以减少伤流，利于壮苗。冬芽萌发以后，新梢长至 5～10 厘米时，可在地膜下浇一次小水，结合灌溉，追施腐熟动物粪便 500 千克/亩，或生物菌有机菌肥 50 千克/亩。灌溉要选晴天清晨进行，并适当开启风口排湿，以免诱发病害。葡萄幼果长至绿豆粒大小时，可在行间揭起地膜，开挖深 20 厘米的施肥沟，每亩追施腐熟粪稀 1000 千克＋硫酸钾 20～30 千克，然后封土，盖严地膜，再在膜下灌溉。幼果迅速膨大期，浇第四次水，结合灌溉每亩冲施腐熟粪稀 1000 千克＋硫酸钾 15～20 千克。

须注意，每次灌溉、追肥，必须选在晴天清晨进行，并打开风口操作，做到随揭膜、随开沟、随浇肥、随覆土、随盖膜，同步进行。完成一行后方可进行下一行操作，以免撒肥后不能及时掩埋，挥发氨气伤害植株。追肥、灌溉要隔行进行，相隔 5～8 天后再追施剩余行。

(7) 增施二氧化碳气肥 为提高葡萄的产量与品质，从落花后开始至葡萄成熟，每天上午 9 时左右，需增施二氧化碳气肥。若采用硫酸-碳酸氢铵反应法（具体见第二章第五节相关内容），前期碳酸氢铵的施用量可少些，每个酸液桶内，用碳酸氢铵 150～250 克；后随着果粒增大，碳酸氢铵用量逐渐增多，每个酸液桶内用碳酸氢铵 250～450 克；果实着色后可适当减少，每个酸液桶内用碳酸氢铵 200～250 克。晴天用量可大些，多云天气可适当减量，阴天可以不施用。亦可用点火法增施二氧化碳气肥。

6. 病虫害、鸟害、冷害的预防

(1) 喷布铲除剂 葡萄植株修剪后、提温之前，要拾净枝蔓，并结合整地把落叶及未拾净的枝蔓、碎屑全部埋入土内。然后喷一次 5 波美度石硫合剂＋3000 倍有机硅，铲除室内残留病菌与害虫。

(2) 吊挂硫黄熏蒸器，用硫黄熏蒸灭虫防病 提温以后，葡萄冬芽开始萌动前，关闭通风口，每亩温室均匀吊挂 8～10 个硫黄熏蒸器，每个熏蒸器中，日添加 10～15 克硫黄粉，通电加热，促使硫黄粉升华，发生硫蒸气，消灭室内病菌与残留害虫。为提高灭虫效果，白天可适度遮阳，使室内温度维持在 30℃左右。翌日清晨开启风口 2～3 小时后，方可入室添加硫黄粉，继续熏蒸。如此操作连续 3～4 天，此后，须每间隔 7～10 天熏蒸一次，以有效预防室内病害虫发生。

(3) 科学用药

① 葡萄发芽时在植株枝干上涂抹 20～50 倍"天达能量合剂"（或果树专用型天达-2116）＋100 倍溃腐灵（或其他小檗碱类植物农药）＋100 倍硫酸锌＋100 倍硝酸钾＋3000 倍有机硅＋100 倍红糖混合液，以增强植株抗恶劣环境的能力，增强光合效能，促发新根，确保植株生长健壮。

② 开花前 3～5 天喷洒 1 次 1000 倍"天达-2116"（或天达能量合剂）＋150 倍红糖＋300 倍硝酸钾＋400 倍硫酸镁＋400 倍葡萄糖

酸钙＋300 倍溃腐灵（或其他小檗碱类植物农药）＋2000 倍
0.001％芸苔素内酯＋6000 倍有机硅混合液，增强植株抗逆性能，
提高坐果率，预防病害发生。

③ 落花后 3～5 天细致喷洒一次 1000 倍天达能量合剂＋2000
倍 0.001％芸苔素内酯＋100 倍红糖＋300 倍靓果安（或其他小檗
碱类植物农药）＋400 倍硝酸钙＋400 倍硫酸钾＋6000 倍有机硅混
合液，加速细胞分裂，增加果粒细胞数量，促进幼果迅速膨大，预
防病害发生。

④ 套袋前 1 天，用 1000 倍"天达能量合剂"＋300 倍硝酸
钾＋400 倍葡萄糖酸钙＋400 倍硫酸镁＋100 倍溃腐灵（或其他
小檗碱类植物农药）＋400 倍 0.7％苦参碱＋400 倍 1.5％除虫菊
素＋3000 倍有机硅混合液细致浸泡果柄、果穗，药液干燥后立
即套袋。

⑤ 套袋以后每间隔 20～25 天喷一次 6000 倍有机硅＋300 倍硝
酸钾＋400 倍硫酸镁＋60 倍发酵牛奶＋200 倍半量式波尔多液，直
到采收前 30 天停止。须注意，喷洒波尔多液要选择雨雪天到来之
前进行，要确保叶片正反两面都能均匀着药，防止被病菌侵染，引
发病害。

⑥ 采收之前 30 天左右喷洒 1 次 1000 倍天达-2116＋300 倍硝
酸钾＋400 倍葡萄糖酸钙＋400 倍硫酸镁＋50 倍发酵牛奶＋300 倍
靓果安（或其他小檗碱类植物农药）＋6000 倍有机硅混合液，每 7
天 1 次，连续喷洒 2～3 次，促进果面光亮、色泽鲜艳，提高果实
含糖量与品质，延长果穗货架期与耐贮运性能。须注意，防病用药
采收前 15 天应停止施用。

（4）防治温室害虫　葡萄在温室内栽培，主要虫害为葡萄二黄
斑叶蝉，其又名二点浮尘子，该虫以成虫及若虫在叶片背面吸食汁
液为害，受害叶片正面出现白色小斑点，严重时叶片变白焦枯。因
此，一旦发现叶片出现少量白点，就应立即细致喷洒 500 倍 0.7％
苦参碱＋400 倍 1.5％除虫菊素＋6000 倍有机硅混合液，间隔 5 天
再喷一次。

（5）果穗套袋技术　套袋可显著减轻病虫危害，减少农药污

染，使好果率达到 98 %左右，且能避免果穗受鸟类为害，也有利于生产生态安全食品。套袋还可以使葡萄果面光滑、果肉细嫩、色泽鲜艳，商品性好、售价高。其技术如下：

① 选袋 须选用长 30～35 厘米、宽 25 厘米的纸袋，如国产的佳田袋、龙口袋，日本产的小林袋等，红色品种亦可用纯白色聚乙烯袋。

② 套袋时期 落花后 15～20 天，疏穗、疏粒结束，用溃腐灵等混合液浸泡果穗、果柄，待药液干燥后随即进行套袋。

③ 套袋方法 用手撑开纸袋，然后一只手拿袋，另一只手拿起果穗轻轻装入袋中，并使果穗置于袋中央，最后将袋口聚收于果穗基部果柄处，用袋边的铁线扎紧袋口。如无铁线，可用塑料绳缠绕果梗两周扎紧，预防病菌及害虫侵入。须注意，套袋最好在下午 3 点后进行，以防发生日灼现象。

④ 摘袋 一般于采收前 2～3 天进行，摘袋时间要在上午 10 时前或下午 4 时后，鸟害严重者可于采收的同时进行，可带袋采收、带袋储藏，直至销售时摘除。

7. 采收后的管理

温室春促成葡萄栽培，其枝蔓的主要部分是在清明节前长成，冬芽的发育过程处在短日照条件下，难以发育成花芽。只有谷雨前后长出的夏芽副梢，其冬芽的发育过程处在长日照环境条件下，因此，对这部分副梢加强管理，其冬芽可分化成良好的花穗，翌年即可开花结果。

(1) 提高冬芽的成花率 加强根外喷肥，谷雨以后每 15～20 天，根外喷洒 1 次 1000 倍"天达-2116"＋300 倍溃腐灵（或其他小檗碱类植物农药）＋150 倍红糖＋300 倍硝酸钾＋400 倍硫酸镁＋300 倍葡萄糖酸钙＋6000 倍有机硅混合液，连喷 3～5 次，每 2 次喷药之间，喷洒 1 次 150 倍红糖＋300 倍硫酸钾＋400 倍磷酸二铵＋2000 倍 0.001％芸苔素内酯＋6000 倍有机硅混合液。二者交替喷洒，既可提高葡萄果实的含糖量，促进果粒膨大，实现高产优质，又可促进葡萄冬芽的花芽分化。

（2）及时调整枝蔓　立夏前 3～5 天，果实采收后，先摘除下部衰老叶片，剪除过密枝、细弱枝，并解开架面的绑绳，进行落蔓，让无叶片的枝蔓落地，重新绑缚枝蔓，调整架面，使谷雨前后发生的新梢分上下两层绑缚于 2 道、3 道铁丝上，并让枝蔓尽量处于水平状态，然后培土埋压落地枝蔓。结合培土追肥，每株撒施腐熟动物粪便 500 克，促发新根。小满前后，再对葡萄先端生长旺盛部分，喷一次 0.015%～0.02% 的矮壮素（或 100 倍 15% 多效唑），抑制副梢旺长，减少养分消耗，并继续按培育结果枝的方法，适时摘心、抹除夏芽，促进花芽分化。

（3）改善室内光照与温度条件　小满后应全部拉开顶风口，并逐步撤去底膜，再从主膜底部向上提拉主膜，尽量加大底风口宽度，尽量预防室内出现 35℃ 以上的高温，改善室内光照条件，以利于花芽分化。须注意，下雨时还要关闭顶风口，拉下主膜的提拉部分，进行防雨，以减少病害发生。伏天高温时，可适度遮阳，降低室内空气温度，防止高温危害。

（4）冬季修剪　采用春促成一次结果技术的栽培模式，在冬季修剪过程中，每株选留谷雨前后发生的 2 个新梢作为翌年的结果母枝，下部结果母枝留 3～4 芽剪截，上部结果母枝留 4～6 芽剪截。其余枝条、卷须等剪除。以后每年管理按照以上步骤循环处理。

8. 温室春促成葡萄二次结果技术

谷雨前后长出的新梢，其冬芽的发育过程处在长日照、光照充足的环境条件下，因此，对这部分新梢加强管理，促使其冬芽当年发育成良好的花穗，可达到二次结果的目的。具体措施如下：

（1）刺激冬芽萌发　大暑前后每株分上下两层，各选留 1 个半木质化、冬芽饱满的 2 次或 3 次新梢留下，其余新梢剪除。留下的枝条要确保是在谷雨至立夏期间发生的，对其只保留 3～4 个饱满冬芽剪接，剪后立即灌溉，结合灌溉追施腐熟动物粪便 1000

千克/亩，刺激冬芽萌发。

按以上方法处理后，每株葡萄都可有 2～3 个冬芽萌发，长出带有果穗的新结果蔓，待新结果蔓的果穗明显显露时，每株分上下两层选 2 条花穗大、生长健壮的结果枝留下，其余剪除。留下的结果枝每枝留 1 个发育优良的花穗，其余及早摘除。

(2) 结果枝处理 留下的结果枝，先按一次结果枝的处理方法进行抹芽、去除副梢、掐穗尖、去副穗，并于开花前 2～3 天摘除全部生长点，集中营养促进坐果，提高坐果率。摘心以后再发新梢，仍对先端发出的 2 个新梢留 4 叶摘心，其余新梢抹除。若再发新梢，要随发随摘除，不再保留，集中养分保证果穗发育，获取高产、优质的二次（葡萄）果。

(3) 套袋 果穗"疏粒"处理后，待果粒长至豆粒大小时，对果穗细致浸泡套袋用药，药液干燥后随即套袋。11 月中旬左右，即可收获品质优良的二次（葡萄）果。

9. 换苗

运用二次结果技术的葡萄，由于当年分化良好的冬芽已经萌发结果，因此翌年春促成栽培，萌发的新枝少有花序，失去栽培价值，此时必须清除老苗，重新栽植花序分化良好的新株（事先培育的大苗）。具体管理措施参阅本节第二部分与第四章第三节培育健壮大苗。以后的管理，按照上述技术，进行循环处理。

 第二节
节能日光温室葡萄秋延迟栽培技术

1. 品种选择

温室秋延迟栽培葡萄应选择优质、高产、抗逆性强的玫瑰香等中晚熟葡萄品种。据平度市大泽山镇调查结果，所选品种在露地栽培条件下，表现如下：

(1) 玫瑰香（彩图 5-15） 欧亚种，晚熟品种，4 月初萌芽，5 月 25 日前后开花，8 月中下旬成熟。其嫩梢为绿色，有稀疏绒毛；幼叶绿中带紫红色，表面有光泽，背面有绒毛；一年生成熟枝条黄褐色，节为红紫色；叶片中大，心脏形，5 裂，上侧裂较深，下侧裂较浅；锯齿大，中等尖锐；叶柄洼呈开张缝形或楔形；卷须间隔性；单果穗平均重 350 克，单果粒平均重 5 克，椭圆形或卵圆形，黑紫色，果肉黄绿色，含糖量 18%～21%，含酸量 0.5%～0.7%，有浓郁的玫瑰香味，品质极上。其树势中等，结果能力强。

(2) 紫皇无核（彩图 5-16） 欧亚种，别名 A09 无核葡萄，母本为牛奶，父本为皇家秋天。露地栽培，其萌芽期、开花期基本同玫瑰香，8 月下旬成熟。叶上表面淡紫色，有光泽，绒毛密；成熟叶近圆形，绿色，叶缘略卷缩，叶背绒毛稀疏，卷须间断分布，两性花。植株生长势中庸，萌芽率高，副芽萌发力较强，每果枝多为 1 穗果，成熟一致，抗病性较强。其果穗呈圆锥形，平均单穗重 600 克，最大 1200 克，果粒着生中等紧密；果粒长椭圆形或圆柱形，平均单粒重 10 克，最大 13 克，果皮紫黑色至蓝黑色，果皮果粉中等厚，果肉硬脆，可切片；汁多，出汁率86%；果刷长、耐贮运，不裂果、不落果；具牛奶香味，可溶性固形物含量 22%～25%，最高达 27%，含酸量 3.72%。植株生长势中庸，萌芽率高，副芽萌发力较强，每果枝多为 1 穗果；成熟一致，抗病性较强。

(3) 东方之星（彩图 5-17） 亲本为"安芸津 21 号"和"奥山红宝石"，晚熟欧美杂交种，与夏音马斯卡特是兄弟系品种，2007 年从日本引进。露地栽培，其萌芽期、开花期基本同玫瑰香，9 月上中旬成熟；丰产性、稳产性、抗病性强；果穗呈圆锥形，果粉多，平均单穗重 600 克，最大 900 克左右；果粒短椭圆形，果粒大，平均单粒重 10～12 克，果皮薄，紫红色，完全成熟后呈紫黑色，有香味，不裂果，不脱粒，可以无核化；可溶性固形物含量在20% 以上。经膨大剂处理后，果粉变少，果肉脆硬，成熟后挂果时间长，且不变质，含糖量不降。

(4) 红地球（彩图 5-18） 又名红提、晚红，欧亚种，是由美国引进的晚熟品种。露地栽培，其萌芽期、开花期基本同玫瑰香，9月中旬成熟。该品种嫩梢先端稍带紫红色条纹，中下部为绿色；幼叶微红色；成叶中等大，心脏形，5裂，上裂刻深，下裂刻浅或不明显，叶面有光泽，叶背无绒毛，叶缘锯齿粗大而钝，叶柄洼呈窄拱形，叶柄阳面淡紫红色。果穗长圆锥形，平均单穗重800克，最大2000克左右，松紧适度；果粒圆形或卵圆形，粒特大，单果粒重10～14克，最大16克，果皮红色或深红色，色艳丽；果肉硬脆，味甜爽口，可溶性固形物含量16%～18%，品质佳。果刷粗长，果粒着生牢固，耐拉力强，不落粒，极耐贮运。该品种抗病性差，栽培时应用农膜全生长季节覆盖，严防空气高湿度现象发生，并加强对霜霉、黑痘、白腐、灰霉等病害的防治。此外，该品种幼叶对波尔多液较为敏感，易发生药害，前期不宜使用。

(5) 阳光玫瑰（彩图5-19）　又名夏音马斯卡特、亮光玫瑰，是"安芸津21号"和"白南"杂交培育的欧美杂交种，与夏音是兄弟系，2007年从日本引进。中晚熟，丰产性、稳产性、抗病性强。露地栽培，其萌芽期、开花期、成熟期基本同玫瑰香。果穗呈圆锥形，平均单穗重600克，最大900克左右；果粒短椭圆形，果粒大，平均单粒重12～14克，可处理成无核化大型果；果皮呈黄绿或黄白色，皮厚，果粉少，成熟时果粒发亮，肉脆，有玫瑰香和奶香的复合型香味，可溶性固形物含量20%～23%，最高可达到26%。

(6) 克瑞森无核（彩图5-20）　别名克伦生无核、绯红无核、淑女红。该品种由美国California州Davies农学院果树遗传和育种研究室的DavidRimmiag和Ron Tarailo采用皇帝与C33-199杂交培育的晚熟无核品种，属欧亚种。1988年通过品种登记，1998年引入我国。露地栽培，其萌芽期、开花期基本同玫瑰香，9月中下旬成熟。嫩梢亮褐红色或绿色，幼叶有光泽，无绒毛，叶缘绿色。成龄叶中等大，深5裂，锯齿略锐，叶片较薄，光滑无绒毛，叶柄长，叶柄洼闭合、呈椭圆形或圆形，成熟枝条粗壮、黄褐色；果穗中等大，圆锥形有岐肩，平均单穗重1000克，最大 1600 克；果粒亮红色，椭圆形，平均单粒重 4 克，最大 7 克；果梗长度中等；果刷长，不易落粒；果皮中厚，具白色较厚的果粉，不易与果肉分离，果肉黄绿色、半透明，肉质细脆味甜，可溶性固形物含量 19％～21％，含酸量 0.6％，无核，品质佳。植株生长旺盛，萌芽力、成枝力均较强，主梢、副梢均易形成花芽，植株进入丰产期稍晚。该品种抗病性稍强，但易感染白腐病和霜霉病。

(7) 紫乳无核（A17）（彩图 5-21）　别名 A17 无核葡萄，为紫皇无核姊妹系。母本为牛奶、父本为皇家秋天，经有性杂交选育而成的无核新品种，属欧亚种。露地栽培，4 月上中旬萌芽，5 月底至 6 月上旬开花，9 月中下旬成熟，从萌芽至成熟期需 152～158 天，成熟一致。

新梢梢尖性状开张，紫色、绒毛疏、半直立，卷须分布间断，节间背侧绿带红，叶片上表面黄褐色，有光泽，幼叶心脏形至肾形，叶缘略卷缩，7 裂，上裂刻基部 U 形，叶背绒毛稀疏，叶脉绿色，两性花。果穗圆锥形，平均单穗重 500 克，最大 1300 克；果粒着生中等紧密，果刷长，耐拉力强；果粒鸡心形，平均单粒重 8 克，最大 10 克，败育种子消失，无核；果皮紫黑色至蓝黑色、果粉厚、不裂果、无环裂、不落果；果肉软，但可切片，出汁率 85％左右；具牛奶香味，可溶性固形物含量 22％～26％，含酸量 3.84％。

植株生长势中强，副芽萌发力中等，副芽结实率低；无青小粒，抗病性强。

(8) 天山（彩图 5-22）　欧美种，是日本育种家志村富男培育成的大粒品种。平均单穗重 600～1000 克，果粒巨大，平均单粒重 18 克，最大单粒重 28 克左右；皮薄，肉脆，口感清爽，可以无核化，可溶性固形物含量 18％左右，露地栽培，其萌芽期、开花期基本同玫瑰香，9 月上旬成熟。

(9) 金手指（彩图 5-23）　欧美杂交种，露地栽培，其萌芽期、开花期基本同玫瑰香，成熟期早于玫瑰香；嫩梢绿黄色，幼叶浅红色，绒毛密。成叶大而厚，近圆形，5 裂，上裂刻深，下裂刻浅，锯齿锐。叶柄洼宽拱形，叶柄紫红色。一年生成熟枝条黄褐色，有光泽，节间长。

果穗长圆锥形，着粒松紧适度，平均单穗重 300 克，最大 800 克左右。果粒形状奇特美观，长椭圆形，略弯曲，呈弓状，黄白色，平均单粒重 8 克左右，疏花疏果后平均单粒重可达 10 克，用膨大素处理后平均单粒重可达 13 克；果皮中等厚，韧性强，不裂果，果肉硬，可切片，耐贮运，可溶性固形物含量 20%～24%，甘甜爽口，有浓郁的冰糖味和牛奶味；果柄与果粒结合牢固，捏住一粒果可提起整穗果。根系发达，生长势中庸偏旺，抗逆性、适应性、抗寒性较强。

（10）翠峰（彩图 5-24）　欧美杂交种，日本福冈县农业综合试验园艺研究所选育的最新大粒中熟品种。单穗重 500～600 克，果实黄白色，果粒长椭圆形，单果粒重平均 14 克，果肉硬脆，品质优于巨峰。该品种对赤霉素（GA₃）处理敏感，花期使用赤霉素（GA₃）处理，可得到大粒无核果实，十分美观。在日本该品种作为高档葡萄生产。

（11）醉金香（彩图 5-25）　亲本为"玫瑰香"和"巨峰"，欧美种，中熟品种，露地栽培，其萌芽期、开花期、成熟期基本同玫瑰香；丰产性、稳产性、抗病性强，平均单穗重 700 克，最大 1100 克；成熟后果粒金黄色，果粒着生紧密，平均单粒重 12 克，果粒大小整齐，倒卵圆形，果皮脆，果肉软；可溶性固形物含量 18%～21%，味极甜，品质佳，有茉莉香味。

（12）温克（彩图 5-26）　亲本为"RubelMuscat"和"甲斐路"，欧亚种，极晚熟品种，露地栽培，其萌芽期、开花期基本同玫瑰香，9 月中旬成熟，丰产性、稳产性、抗病性强。平均单穗重 600 克，最大 800 克；果粒大，平均单粒重 9～12 克，成熟后紫黑色，可溶性固形物含量 18%～22%，味甜。

（13）峰后（彩图 5-27）　欧美杂交种，为北京市农林科学院林果研究所从巨峰实生后代中选出的中熟品种。露地栽培，其物候期同玫瑰香。嫩梢半开张，绒毛较密；新梢节间绿色带红色条纹，幼叶橙黄色；成叶心脏形、绿色、绒毛少、光滑、5 裂，裂刻较巨峰叶片的深，叶背绒毛稀；叶柄洼呈开张椭圆形。果穗圆锥形或圆柱形，单穗平均重 418 克，果粒大，平均单粒重 12～13 克，最大 19.5 克；短椭圆形或倒卵圆形，着生中等紧密；果皮厚，紫红色，果肉极硬，质地脆，有草莓香味；可溶性固形物含量 16% 左右，口感好，品质佳，耐贮运。树势强，抗性强，较巨峰丰产。

(14) 达米娜（彩图 5-28） 欧亚种，1996 年由罗马尼亚引进的晚熟品种。露地栽培，其萌芽期、开花期、成熟期基本同玫瑰香。嫩梢绿色，附暗红色条纹，有绒毛，幼叶黄绿，绒毛密；成叶中大，5 裂或 7 裂，裂刻深，叶面泡状，锯齿小而密，叶柄洼呈窄拱形。果穗圆锥形或圆柱形，单穗重 500～650 克，果粒大，着生极紧密，平均单粒重 8 克，紫红色，可溶性固形物含量 16% 左右，味甜，有浓郁的玫瑰香味，品质佳。树势中庸，结实力强，极丰产，抗病性强，耐贮运。

(15) 瑞香无核（彩图 5-29） 属欧亚晚熟品系。由山东省平度市红旗园艺场于 2010 年，从克瑞森芽变中选出。露地栽培，其萌芽期、开花期基本同玫瑰香，9 月中下旬成熟；既具有克瑞森的有关特点，又有玫瑰香香味，成熟果穗鲜红、靓丽、美观；平均单穗重 600 克，最大单穗重 1280 克；平均单粒重 7～9 克，最大 11 克；可溶性固形物含量 22% 左右，最高 26%。该品种是一个无核、大粒、质优、丰产性强、极耐储运，又具玫瑰香味、极有发展前途的晚熟优良新品系。

(16) 巨玫瑰葡萄（彩图 5-30） 巨玫瑰葡萄是由大连市农科院最新选育成功的中熟葡萄新品种，2002 年 8 月通过了国家正式鉴定。参加鉴定的专家一致认为："巨玫瑰葡萄新品种的品质性状均超过了目前我国选育及从世界各国引进的现已报道的欧美杂交种，其成果居欧美杂交种品种选育国内领先水平，达到国际先进水平。"

该品种物候期基本同玫瑰香，平均单穗重 675 克，最大穗 1250 克。果粒大，平均粒重 9.5～12 克，最大粒重 17 克；不落花，不落果，不裂果，穗形整齐，无大小粒现象；果皮紫红色，着

...

色好，产量高时亦着色；果肉脆，多汁，具有纯正浓郁的玫瑰香味，香气怡人；可溶性固形物含量 19%～25%，总酸量 0.43%，品质极佳。

该品种植株生长势较强，花芽分化好，结果枝占芽眼总数 60% 左右，每果枝平均着生果穗 1.5～2.0 个；易早果丰产、稳产。耐高温多湿，抗病性强，适应性强，易栽培，好管理，耐储运，且储后品质更佳，适合华北及南方各省高温多湿地区栽培。

(17) 东方蓝宝石（彩图 5-31） 属欧亚种，中熟品种，生育期近似玫瑰香，露地栽培 8～9 月份成熟。平均单穗重 500 克，易形成 1000 克以上的大穗。果粒长圆柱形，粒长 5 厘米左右，状如小手指。果粒不用激素膨大处理也能达到 10 克左右。果实转色快而均匀，成熟后蓝黑色。自然无籽，刀切成片，风味纯正，脆甜无渣，可溶性固形物 20% 以上，干燥少雨地区栽培，糖度更高，容易晒成蓝黑色大型葡萄干。果穗较松散，不需疏果，果粒整齐，不拥挤、无破粒，几乎无大小粒现象，成熟后可挂树 1 个月以上，不落粒、不烂尖、耐贮运。其树势强健、极易成花，丰产性能强；较抗炭疽病、黑痘病、白腐病和白粉病，但叶片不抗霜霉病，适宜设施栽植或避雨栽植。

(18) 摩尔多瓦（彩图 5-32） 该品种是 1997 年从罗马尼亚引入的摩尔多瓦国优良欧美杂交种（也有说是欧亚种，有待确定）。其果穗圆锥形，平均单穗重 650 克；果粒中等紧密，果粒大，蓝黑色，短椭圆形，平均单粒重 9.0 克，最大粒重 13.5 克；果粒易着色，散射光条件下着色良好，果粉厚，着色整齐一致，美观漂亮；果肉柔软多汁，可溶性固形物含量 16%～18.9%，最高可达 20%；含酸量 0.54%，果肉与种子易分离，每果粒含种子 13 粒，极耐贮运。其生长势强或极强，新梢年生长量可达 3～4 米，但成熟度好；高抗霜霉病、灰霉病，较抗白粉病、黑痘病，生产中应注意防治褐斑病；抗旱、抗寒性较强；结实力极强，每结果枝平均果穗 1.65 个；结果早，丰产性强。

2. 栽培技术

(1) 定植 选一年生扦插壮苗，于 3 月底 4 月初，按南北行向，行宽 120～150 厘米、株距 40 厘米，栽于节能温室内。其整地、施肥与栽植方法同节能日光温室春促成栽培方法。

(2) 定植当年生长期管理

① 及时定芽 葡萄发芽时，每株分上下两层选 2 个生长健壮的芽子留下，让其萌发新梢，长成主蔓。其余的芽及时抹除，以便节约养分，供新梢生长发育之用。

② 枝蔓调整

a. 抹芽摘心 葡萄新梢（一次新梢）开始生长之后，要及时抹除基部 3 叶节间的夏芽，维持顶端优势，让其快速延长生长。小满前后及时摘除新梢的生长点，下部新梢 6～8 叶摘心，上部新梢 8～10 叶摘心。新梢 4～6 节叶腋间萌发的夏芽留 1 叶摘心，再发新芽及时抹除。新梢摘心后，对每个新梢先端的第一、第二叶腋间发出的副梢，留 4 叶摘心，其余夏芽副梢一概抹除。先端留下的副梢（二次新梢），通过绑缚，让其水平生长，削弱其先端生长势，促进一次新梢花芽分化。再发三次新梢，只保留其先端的 1 个，留 4 叶摘心，其余的 3 次新梢全都及时抹除。

b. 刺激冬芽萌发 7 月下旬，将二次新梢以上部分全部剪除，回缩新梢，只留一次新梢。

c. 结果枝处理 夏芽新梢回缩以后，每个一次新梢的前端，一般可发出 2～3 个带有果穗的结果枝，选 2 个生长健壮、果穗大的留下，其余的疏除。留下的结果枝，要及时抹除夏芽，疏除多余果穗（每一结果枝只留 1 穗），摘除副穗，掐去穗尖（掐除部分占全穗的 1/4 左右），及时绑缚，使结果枝固定上架。果穗开花前 2～3 天进行摘心，提高坐果率。摘心以后，对再发新芽的处理，仍按春促成栽培方法中升温发芽后的管理，进行及时抹芽、摘心。

③ 肥水管理

a. 新梢长出 4～8 叶时，结合灌溉，每株葡萄穴施或沟施大粪稀 1～2 千克，或生物菌有机肥 50～100 克，并注意及时锄地灭草保墒。若以后天气干旱无雨，可隔 15～20 天再浇一次水，并结合灌溉，株施生态复合菌肥 100 克，或大粪面 250～300 克。以后适当控制水肥。

b. 小暑前后，新梢回缩后，立即灌溉，结合灌溉每株葡萄穴施生态复合菌肥 50～100 克＋腐熟粪稀 500 克（或沼气液 300 毫升），刺激先端冬芽萌发结果枝。

c. 落花以后，果粒长至豆粒大时，再次结合灌溉追肥，株施生态复合菌肥 100～150 克或大粪面 500～1000 克。

④ 根外喷肥

a. 新梢发出 6 叶以后，根外喷施一次 150 倍红糖＋300 倍硝酸钾＋1000 倍"天达-2116"＋400 倍硫酸镁＋300 倍靓果安（或溃腐灵）＋2000 倍 0.001％芸苔素内酯＋6000 倍有机硅混合药液，连喷 3～5 次，促进花芽分化。

b. 果穗长出后和开花前一周，各喷一次 1000 倍"天达-2116"＋300 倍硝酸钾＋400 倍硫酸镁＋400 倍葡萄糖酸钙＋150 倍红糖＋6000 倍有机硅＋300 倍溃腐灵（或其他小檗碱类植物农药）混合液。

c. 落花后 3～5 天，喷一次 1000 倍"天达-2116"＋150 倍红糖＋300 倍硝酸钾＋400 倍硫酸镁＋400 倍葡萄糖酸钙＋2000 倍 0.001％芸苔素内酯＋6000 倍有机硅＋300 倍靓果安（或其他小檗碱类植物农药）混合溶液，间隔 7～10 天喷一次 1000 倍天达-2116＋100 倍发酵牛奶＋300 倍硫酸钾＋400 倍磷酸二铵＋6000 倍有机硅＋300 倍溃腐灵（或靓果安），二者交替喷洒直至采收前 15 天停止。

⑤ 果穗套袋　同节能温室春促成栽培。

⑥ 温度调节　温室秋延迟葡萄栽培，在全生育期其塑料薄膜一般不要撤掉，可打开顶风口、开大底风口，通风降温。这样做，室内温度可比露天自然条件下的温度降低 2℃左右，并且能够防雨，减少病害发生。9 月 10 日前后，葡萄已经坐果，气温开始下降时，要注意提高白天温度，增大昼夜温差，促进幼果膨大。一般白天温度应维持在 30～35℃，夜晚适当开启风口，使温度维持在

10～15℃。采收前半月左右白天温度维持在 28～30℃，夜晚温度维持在 10～15℃。

⑦ 地面铺设反光膜　10月中旬左右，要在行间地下铺设反光膜，可明显改善葡萄中下部叶幕层的光照强度，提高光合效能，促进幼果膨大，既能提高葡萄产量，又能促进着色，提高含糖量，改善葡萄品质。

(3) 增施二氧化碳气肥　葡萄落花以后到果实成熟之前，要在设施内增施二氧化碳气肥，提高室内空气中的二氧化碳含量，使之达到 0.8～1.2 毫升/升。这样做可以促进葡萄的光合作用，增加营养物质积累，提高葡萄产量，改善果实品质。

如用硫酸-碳酸氢铵反应法（具体见第二章第五节相关内容）补施二氧化碳气肥，其碳铵用量为：幼果膨大初期每天每桶用碳铵 150～250 克；幼果迅速膨大期，每天每桶用碳铵 250～500 克；果实开始着色后，每天每桶用碳铵 300～400 克。

(4) 采收后的管理

① 降温休眠　葡萄采收以后立即降温，先是撤掉部分草苫，把夜间温度降至 5℃左右，白天打开顶风口、开大底风口，把昼温降至 15℃左右。5～10 天后，全部撤掉草苫，把夜温降至 0～5℃。白天加大风口，把昼温降至 10℃左右，促使葡萄落叶，进入休眠期。葡萄叶片全部落完后，可撤掉温室薄膜，使葡萄处于低温条件下度过休眠期。

② 施肥清行　葡萄落叶后立即开沟施肥，施肥沟离葡萄行 30 厘米远处开挖，沟宽 30 厘米、深 30～40 厘米，后每条施肥沟内填入 50 千克优质有机肥、500 克硫酸钾、400 克硅钙钾镁土壤调理剂（或 100 克硫酸亚铁、40 克硼砂、200 克硫酸镁、30 克硫酸锌）。

须注意，以上所有肥料需全部与有机肥料掺匀，掺加 500 克旺得丰土壤生物菌接种剂发酵腐熟后，掺混土壤回填入施肥沟内，然后灌溉。施肥沟须保留 15 厘米左右的深度不回填，以备填埋落叶、杂草与修剪下来的枝条。修剪后，可结合清扫果园，将枝条、落叶、杂草全部回填入施肥沟内，封土埋严，浇灌越冬水。如此操作，可把落叶、枝条、杂草变成有机肥料，增加肥源，节约肥料投资，减少病害发生，实现垃圾零排除。

③ 冬季修剪　葡萄落叶后 15～20 天开始修剪，力争在大雪之前结束。方法为：每株分上下两层，选留 2 条生长健壮、不徒长、冬芽饱满的枝条，留 2～3 芽剪截，其他分枝、卷须、干枝全部剪掉。

④ 埋土防寒　冬季最低气温低于 −10℃ 的地区须埋土防寒，即修剪后，随即把葡萄枝蔓全部埋入土中，以防冻害。

（5）越冬后第二年管理

① 葡萄出土上架　清明节前后，清除埋土，随即绑缚枝蔓上架，下部留枝绑缚于第 1 道钢丝上，上部留枝绑缚于第 3 道钢丝上。结合清土进行整地，把葡萄行重新整修成 25～30 厘米高、80 厘米宽的龟背形土垄，并把葡萄下部落地枝蔓埋入土中，以促发不定根、增加根量。

② 覆草盖地膜　葡萄出土后随即在地面覆盖碎草，覆草厚度 5～10 厘米，草上面再覆盖旧农膜，以稳定地温与土壤含水量，降低室内空气湿度，增加室内空气二氧化碳浓度，增强叶片光合效能。

③ 喷洒防病铲除剂　出土以后，葡萄冬芽开始萌动、尚未吐绿时，用 5 波美度石硫合剂＋3000 倍有机硅＋100 倍硝酸钾混合药液细致喷洒葡萄枝蔓与地面，铲除越冬病菌，减少病害发生。

④ 发芽以后的管理　葡萄发芽以后，剪留下的 1 年生枝，各选 1 个带有果穗的壮主芽留下，其余各芽与副芽一概抹除。主芽长出的新梢，即当年秋季的结果母枝，会带有 1～3 个花穗，不管花穗多少，每枝只留一个花穗，其余花穗及早摘除。及时抹除基部 1～2 节夏芽，3～6 节夏芽留 1 叶摘心，再发 2 次夏芽及早抹除。下部枝留 8 叶摘心，上部枝留 10 叶摘心。再发新梢，只保留顶部 2 个，4 叶摘心，其上再发 3 次夏芽及早抹除。开花前 2 天左右，对所有新梢摘心，促进营养中心转移至花穗，提高坐果率。摘心以后，所发的三次副梢，先端 2 个副梢留 4 叶摘心，其余一概抹除。再发生四次副梢，每个结果枝只留先端 2 个，4 叶摘心，其余的全部抹除。

须注意，本次结果可能对秋延迟结果的产量和品质造成不良影响，因此也可以不留花穗，具体修剪办法同前述相关枝蔓调整内容，同时将结果母枝回缩时间调整为 7 月下旬。

⑤ 根外追肥　主芽萌发的新梢长至 6 叶时开始根外喷施 1000倍"天达-2116"＋150 倍红糖＋300 倍硝酸钾＋400 倍硫酸镁＋400倍葡萄糖酸钙＋2000 倍 0.001％芸苔素内酯＋6000 倍有机硅＋300倍靓果安（或其他小檗碱类植物农药）混合溶液，每 10 天左右喷施 1 次，连续喷施 4～6 次，预防病害发生，促进冬芽分化优质花序。

⑥ 回缩结果母枝，促发冬芽萌发结果枝　7 月下旬对枝蔓进行回缩，剪除所有 2 次副梢，只留一次新梢（当年萌发的结果母枝），刺激其冬芽萌发、生长秋延迟结果枝，以后按照前文所述相关内容进行管理。

第三节
节能日光温室葡萄秋冬栽培技术

选用晚熟品种，推行二次结果技术，将秋延迟葡萄栽培推迟到翌年 1～2 月份成熟，春节前后实现鲜品葡萄供应市场，或 3 月份成熟，供应早春市场，是一种效益较高的栽培方式。

1. 品种选择

品种可选择阳光玫瑰、巨玫瑰、东方蓝宝石、东方之星、克瑞森无核、紫乳无核、达米娜、摩尔多瓦等。

2. 定植

整地、施肥、栽植方法同秋延迟栽培。

3. 栽植后的管理

温室栽培葡萄，一年可以实现春促成栽培加秋冬栽培，一年2次结果，4～5月份产葡萄2000～2500千克/亩，11～12月份产葡萄2000千克/亩，但是收获的葡萄品质较差，商品价值低，且用工多，技术复杂，较难操作。只进行一次冬熟栽培，产量可达4000千克/亩左右，且技术简单，操作容易，用工量少，果实品质佳，商品售价大大高于春促成栽培所产葡萄，其经济效益显著高于一年两次结果的总体效益。

(1) 枝蔓调整　栽植后在自然环境条件下发芽，发芽以后，及时抹芽、定芽，每株葡萄分上下两层，每层只留1枚主芽，发2条一次新梢，作为结果母枝培养。下部主芽离地面高20厘米左右，上部主芽离地面高70厘米以上，二者相差50厘米左右（大于1道铁丝的间距），其余所有的新发芽一概抹除。一次新梢于立夏前后摘心，下部新梢留6～8叶摘心，上部新梢留10～12叶摘心[图5-9(1)]，后绑缚上架。摘心后再发二次夏芽，每条一次枝（结果母枝）基部1～2节的夏芽及早抹除，3～6节的夏芽留1叶摘心，顶部2个夏芽长至4叶时摘心[图5-9(2)]。再发三次夏芽，每个二次枝只保留顶部一个夏芽，留4叶摘心[图5-9(3)]，其余所有三次夏芽抹除，再发四次夏芽，每个三次枝只留顶端一个夏芽，4叶摘心。

8月中旬前后，剪除所有2～4次枝[图5-9(4)]，只保留当年萌发的一次枝（结果母枝），后立即灌溉，结合灌溉每株葡萄追施腐熟动物粪便500克，促进一次枝的冬芽萌发。

(2) 喷洒营养液促进花芽分化　一次枝（结果母枝）摘心前，正处于立夏后的长日照期，其冬芽开始花序分化，为保证花序分化优良，应加强叶面喷洒营养液，即每15～20天，结合防病用药，喷洒一次1000倍天达能量合剂＋400倍硫酸镁＋300倍硝酸钾＋400倍葡萄糖酸钙＋150倍红糖（或60倍发酵牛奶）＋2000倍0.001％芸苔素内酯＋300倍溃腐灵（或靓果安）＋6000倍有机硅混合液，每2次喷药之间加喷1次150倍红糖＋300倍硫酸钾＋400

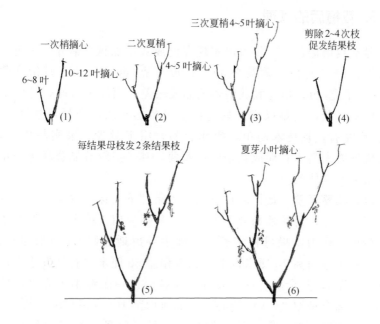

图 5-9　温室葡萄秋冬栽培枝蔓调整示意图

倍磷酸二铵＋6000 倍有机硅混合液，二者交替喷洒 6 次左右，预防病害发生，确保冬芽分化出优良花序。

（3）结果枝及果穗管理　8 月中旬前后，采取刺激一次枝（结果母枝）冬芽萌发措施后，进行浇水追肥，同时用葡萄萌芽素涂抹冬芽基部（方法同春促成栽培），每株葡萄每个结果母枝涂抹 2～3 个饱满冬芽，确保其尽快萌发，生长结果枝。

冬芽萌发后，每个结果母枝选留 2 个健壮的新枝留下，培育结果枝，并且及时绑缚上架，其余枝芽及时抹除，以集中营养保障结果枝发育良好。

结果枝除保留花序前后 4 个夏芽，留 1～2 叶摘心，其他所有夏芽及早抹除，花穗开花前 2～3 天，对结果枝突击摘心，摘除所有生长点[图 5-9(5)]，促进坐果。摘心后，再发 2 次、3 次夏芽，除枝条顶部保留 2 个夏芽新梢，留 4 叶摘心外，其他夏芽一概抹除[图 5-9(6)]。

每1个结果枝只选留一个花穗留下，其余花穗及早疏除，留下的花穗，要在花穗的枝穗分离期及早疏除顶部较大的副穗分枝，并掐除穗尖，保持花穗整齐。穗尖去除多少，以成熟采收时每穗750～800克为度，调整每亩产量在3000～4000千克。

(4) 温度调控　温室须提前于8月份覆盖农膜，遮阳防雨，预防病害发生。农膜须保留顶风口和底风口，风口尽量加大，以利通风、降温。如果室内温度高于35℃，可在温室的上风头处撒细土面，让土面散落在农膜表面（或覆盖遮阳网）遮阳降温，使温度降至32℃左右。进入10月份后，室外气温逐渐降低，要注意逐渐缩小风口、维持室内温度，白天28～32℃、夜晚10～17℃，阴天时白天温度维持在15～18℃、夜晚10～15℃，以减少营养消耗。进入冬季，白天封闭风口，夜晚加盖草苫保温，可在草苫下适度开启温室顶风口降低室内空气湿度，预防病害发生。结合防病，可进行根外追肥，促进果粒膨大、色泽鲜艳，提高品质。

其他管理技术，如追肥、灌溉、枝蔓调整、病虫害防治、增施二氧化碳气肥等，同节能日光温室葡萄春促成栽培。

(5) 休眠期管理　1～2月份果实成熟采收后，用10～15天的时间分次减少保温覆盖，逐步撤除草苫或保温被，逐渐降温至夜温0～5℃，维持15天左右开始修剪。修剪方法为：每一植株只保留1个一次枝，从其基部留2～3芽剪截，其他枝条一概剪除。

翌年生产时，于3月底出土，发芽后抹芽、定芽、枝蔓调整、温度调控、肥水管理、根外追肥等管理同上年。

第四节
大拱棚葡萄春促成栽培技术

1. 品种选择

可选择红旗特早玫瑰、早霞玫瑰、晨香、绍星1号、弗雷无核、夏黑无核、黑色甜菜、红芭拉多、黑芭拉多、早生内马斯、京秀、乍娜、维多利亚等品种。

2. 定植

大拱棚葡萄春促成栽培，为了提高早期经济效益，有效解决结果部位上移问题，并改善葡萄的光照条件，应实行密植，南北行向栽植，行距 120～150 厘米、株距 40 厘米，每亩栽植葡萄 1100～1400 株。其他整地、施肥、开挖栽植沟同节能日光温室春促成栽培。

3. 栽植后的管理

苗木发芽以后，每株葡萄留 2 条新梢，其余各芽及新梢一概抹除。对下部较短的新梢，长至 30～40 厘米时摘心，对上部较长的新梢，长至 80 厘米时摘心。其他管理技术，如追肥、灌溉、枝蔓调整、促进花芽分化、根外施肥、病虫防治等，同节能日光温室葡萄春促成栽培。

4. 休眠期管理

（1）冬季修剪　修剪应在葡萄完全落叶以后 15～20 天内进行，剪时从一次新梢的先端、二次副梢基部斜向下剪，保留节间隔子，剪除该节冬芽与所有二次副梢及卷须。修剪结束后，随即在行间垄沟中灌足越冬水。

（2）防寒越冬　若冬季寒冷，葡萄有可能发生冻害，还需对葡萄的地上部分进行防寒保护。过去多用埋土方法防寒，先把结果母蔓轻轻按倒着地，后用土块压住，再用泥土严密封埋。此方法用工太多，且挖掘土壤、封埋葡萄枝条时，必然造成对葡萄根系的破坏，减少根量。此时期葡萄的储备营养大部分储存在根系，挖断根系，必然损失储备营养，而有限的储备营养只要有损失就会影响翌年的营养生长、开花和坐果。

因此，葡萄越冬防寒应采用覆草外加农膜保护的方法。在越冬水灌后 3～5 天，地表显干时，先把结果母蔓下架，轻轻按倒着地，再用玉米秸或其他杂草将葡萄枝蔓覆盖严密，后在覆草上面覆盖农膜，最后用少量泥土将农膜边缘压实、埋严，不得留有孔隙，并在农膜表面撒埋适量泥土遮阳，预防土壤增温。这样做不会伤及根系，翌年放出枝蔓后，可把覆草、农膜就地覆盖，减少了土壤水分蒸发，稳定了土壤温度与湿度，并能抑制土壤杂草萌发，减少除草用工，还能显著增加土壤的有机质含量与团粒结构，提高土壤保肥保水能力，减少肥水损失，也能增加土壤中蚯蚓与有益微生物的种类和数量，提高土壤生物活性，改良优化土壤。

须注意，休眠期棚膜必须大开通风口，降低棚内温度，棚内温度不能高于 20℃ 以上。因为高温会诱发葡萄植株呼吸作用增强，消耗储备营养加速，导致翌年生长发育减弱。

5. 生长期管理

（1）放出枝蔓后的管理　棚内冻土层全部融化，地面开始显露干土时，立即揭开覆盖地面的农膜，放出葡萄枝蔓，随即绑缚上架。整理好架面与地面土垄，并将覆草重新均匀覆盖在根际周围土垄与行间地面上。然后全面喷洒 5 波美度石硫合剂＋3000 倍有机硅＋100 倍硝酸钾混合药液，铲除越冬病菌。

喷药时，需把大棚两侧底膜的底端向上拉起，其高度达 1 米以上，以防止喷药时药物污染棚膜。喷药需细致周密，不但葡萄枝蔓要处处均匀着药，包括覆草、土垄乃至全地面都不能漏喷。喷药结束后，要随即放下大棚边缘底部棚膜，并埋土压严棚膜底口，以利升温。然后再将覆盖葡萄蔓的覆草细致摊放均匀，把农膜伸展开，覆盖在土垄地面与覆草上，用以预防草害，稳定土壤温度与湿度。

（2）温度调控

① 融化冻土层　1 月下旬（大寒后 1～3 天）选无风的晴朗天气，把大棚的外保护膜覆盖上，并封闭风口，进行提温。开始 2～3 天封闭农膜，增温至 30℃ 左右，尽快融化冻土层。同时结合提温闷棚，棚内点燃硫黄粉 1～2 千克/亩，灭菌杀虫。一旦冻土层完全

融化后，立即大开风口，通风排湿，把棚温降低至10℃左右。

② 发芽前温度调控　闷棚后降温至10℃左右后，自第2天开始，白天温度维持在12～15℃，第3～4天，维持在15～17℃；第5～7天，维持在17～20℃；第8～10天，维持在20～23℃；10天以后，维持在22～25℃，直至葡萄发芽。为了提高大棚的夜间温度，必须注意每天下午2～3点，提前封闭大棚通风口进行保温。

③ 发芽后管理　葡萄发芽以后，白天温度维持在25～28℃，直至葡萄花穗发育完成。要注意温度的回升速度不可过急，此阶段的温度严禁高于30℃，以免发育尚处于不完全阶段的葡萄花序，因温度过高而失去继续发育的机会，退化成卷须。

④ 葡萄开花时期温度调控　白天温度应维持在25～30℃，夜晚温度维持在15～20℃，如果夜温达不到15℃以上，则需生火加温，以便保证葡萄开花受精能够正常进行。

⑤ 落花以后温度调控　葡萄进入浆果生长期，应实行大温差管理，白天温度维持在30～32℃，并逐渐提高至34℃，不高于35℃，夜间温度降至10～15℃，以达到白天提高葡萄叶片的光合效能、夜间降低呼吸消耗，增加营养物质的积累，提高产量与品质。

(3) 肥水管理　立春后葡萄冬芽萌发，待其长至5～8片叶时，可结合灌溉追施伸蔓坐果肥，冲施腐熟动物粪便500千克/亩（或沼气渣500千克/亩，或生物菌有机肥200千克/亩，或腐熟饼肥100千克/亩）；葡萄落花后7～10天、幼果长至绿豆粒大小时，浇果实膨大水，结合灌溉，亩冲施大粪稀500千克＋硫酸钾镁30千克（或掺加硫酸钾、硅钙钾镁土壤调理剂发酵腐熟的动物粪便500千克/亩）。

幼果迅速膨大至转色期再次灌溉，结合灌溉冲施掺加硫酸钾、硅钙钾镁土壤调理剂发酵腐熟的动物粪便1000千克/亩。其他时间只要叶片不发生萎蔫严禁灌溉。灌溉时须注意：

一是灌溉必须用井水或温室储存水，以免降低地温。北纬35°左右地区，井水温度多为16℃左右，灌溉以后，可把地温提高至

14℃以上。即便是北纬 40°左右地区，井水温度也多在 14℃上下，灌溉后，不至于降低地温。

二是灌溉要隔行进行，先浇奇数行（或偶数行），间隔 4～6 天，再浇偶数行（或奇数行）。这样做可预防室内空气湿度猛然增高，不会影响人工操作管理。

三是浇灌时先揭开农膜，将其收紧放在土垄顶部、葡萄根际处，然后在行间沟中灌溉。待水分全部下渗后随即拉开农膜，重新覆盖地面。土壤覆盖地膜后，可以减少水分蒸发，降低棚内湿度，减少病害发生，并能加速地温回升，促进葡萄根系及早活动。

四是灌溉追肥都要选晴天清晨进行，在地膜下面浇灌，并要开启通风口，增加通风量，排除棚内湿气。要严防棚内空气湿度过高，诱发病害。灌溉的同时可进行追肥，最好采用膜下滴灌方式，选择沼气液或动物粪便浸出液，借助滴灌施肥器随水滴灌入土壤，或是在滴灌的同时，在滴灌管处撒施粉面状腐熟动物粪便。

其他根外追肥、套袋、病虫害防治等技术措施，同节能日光温室葡萄春促成栽培。

（4）枝蔓调整

① 抹芽、定芽　葡萄发芽后，每个结果母枝，只选留 2 个肥大、粗短、健壮并带有果穗的主芽留下，其余萌发的各主副芽全部抹除。

② 新梢与果穗的处理　留下的主芽长成新梢后，要及时抹除各叶节间的夏芽副梢。果穗伸长后，选晴天中午前后剪去副穗，掐去穗尖。果穗开花前 1～2 天，摘去新梢顶心（红旗特早玫瑰须落花后摘心），促进营养物质向果穗运转，提高坐果率。摘心后再发二次副梢，每个结果枝只留先端 2 个，其余抹除。留下的二次副梢，6～8 叶时摘心（这段二次夏芽新梢是在 4 月下旬至 5 月初发出的，可以培育翌年结果母枝）。再发三次或多次副梢，只在每个副梢的先端留 1 个，长至 4 叶时摘心，其余抹除（图 5-10）。

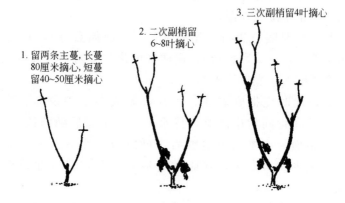

1. 留两条主蔓,长蔓80厘米摘心,短蔓留40~50厘米摘心

2. 二次副梢留6~8叶摘心

3. 三次副梢留4叶摘心

图 5-10　大拱棚葡萄春促成栽培枝蔓调整示意图

6. 采收以后至翌年扣棚前的管理

大拱棚葡萄一般于 6 月中下旬前后采收,采收以后可结二次果。但是结过二次果以后,会严重影响下一年的产量,并造成结果部位大幅度上移,往往得不偿失。为了解决结果部位上移问题,并能获取适量的二次果,增加经济效益,可采取上层结果枝结二次果、下层结果枝不让其结二次果,实行不同的技术措施加以解决。二次果采收后,随即连同该处的结果母枝一起剪除。下层结果枝须在其下部和上部提前选择预留四月底五月初萌发的 2 个新梢继续培养,让其分化花芽,翌年结果。

(1) 上层结果枝二次结果技术　葡萄采收后,随即在上层结果枝的二次副梢顶端回缩,剪除所有三次副梢,刺激其二次副梢的冬芽萌发,并从萌发的新梢中选取带有果穗并且果穗较大的副梢作为二次结果枝,每株留 3~4 个(图 5-11),该层结果枝上萌发的其他副梢全部剪除。留下的二次结果枝,仍按一次结果枝的处理方法,进行抹芽、摘心、去副穗、掐穗尖、灌溉施肥、根外喷肥、喷药、套袋等操作管理。二次果一般于 11~12 月份成熟,采收后及时剪除枝蔓即可。

从二次梢顶端剪截
去除所有多次枝

剪截后冬芽
萌发状况

剪除多余的新梢, 保留
3~4个有果穗的壮结果蔓

图 5-11　二次结果技术枝蔓调整示意图

(2) 下层结果枝处理　对不留二次果的下层结果母枝与结果枝, 在 5 月份从该母枝和结果枝上生出的二次夏芽中各选留一个留下, 6～8 叶时摘心, 培养翌年的结果母枝。摘心后再发副梢, 每条二次枝只保留先端 2 个副梢, 留 4 叶摘心, 其余全部摘除。以后再发副梢仍只留先端 2 个, 反复 4 叶摘心。

预留的葡萄新梢, 通过绑缚、吊枝, 或维持自然状态, 让其处于 60°～80°斜生状态, 缓和顶端优势, 减缓营养生长, 同时继续按处理一次结果枝的方法, 进行根外喷施叶面肥及红糖液, 促进花芽分化。

7. 冬剪

葡萄落叶以后, 15～20 天内进行冬剪。修剪时, 每株葡萄只留下作为翌年结果用的 2 条结果母枝, 下层结果母枝留 4 节、上层结果母枝留 5～6 节剪截。其他所有分枝、卷须全部清除。须注意, 应从留下的饱满冬芽的上部冬芽处斜剪, 剪除该冬芽以上部分, 保留髓部隔层。

以后各项管理措施, 仍按前述相关内容进行操作, 年年轮回即可。

第五节
露地葡萄防雨设施栽培

我国葡萄主要产区，除新疆、甘肃、宁夏等干燥地区外，冀、鲁、豫、皖、苏、浙、川、滇、湘、鄂等省区，大田葡萄果实的发育、成熟期多处在 7～9 月份，该时期正处于雨季，多阴雨天气，葡萄黑痘病、房枯病、霜霉病、白腐病、炭疽病、白粉病、灰霉病等病害频繁发生，危害严重，多数年份葡萄丰产不丰收，多雨年份葡萄果实大部分会烂掉，更甚者绝收。

葡萄的各种病害都要借风雨传播，其病菌孢子必须借助雨水、露水或高湿度天气，植株体（叶片、果穗、枝蔓、卷须）存有水滴、水膜时方能萌发浸染而发病。因此实行防雨设施栽培，防止雨水淋湿植株，是减少各种病害发生的最有效方法之一，是今后大田露地葡萄栽培的发展方向，也是生态葡萄栽培的必由之路。

1. 品种选择

栽培品种应根据当地的气候、土壤、地下水埋深、交通等自然环境条件和消费习惯，即按市场需求选择适宜的抗病、优质、丰产、耐储运的相关品种。早熟栽培可选用红旗特早玫瑰、绍星 1 号、早霞玫瑰、晨香、黑芭拉多（黑芭拉蒂）、黑色甜菜、红芭拉多（红芭拉蒂）、夏黑无核、京秀、维多利亚等品种。

中、晚熟栽培可选用东方之星、紫皇无核（A09）、阳光玫瑰、东方蓝宝石、巨玫瑰、玫瑰香、红地球（红提）、克瑞森无核、翠峰、紫乳无核（A17、新星无核）、林涛 1 号等。

酿造栽培，可选用贵人香、雷司令、赤霞珠、品丽珠、蛇龙珠、北醇、白羽、北丰（彩图 5-33）等品种。特别是北丰，属欧美杂交种，由山东省平度市红旗园艺场于 2008 年从北醇芽变中选出。该品种于露地栽培，4 月初发芽，5 月中下旬开花，8 月中下旬成熟。果穗成熟后紫黑色，平均单穗重量 260 克，最大穗重量 670

克；可溶性固形物含量 20％左右，最高 23％；一般亩产 3000 千克左右。在新疆、宁夏等地区栽培，极少用药，没有病害，休眠期不埋土防寒，无冻害现象发生，是目前特抗寒、抗病、丰产、高糖、大穗的酿造新品系，发展前景广阔。

2. 定植

栽植之前深翻土壤，结合耕翻施足底肥，每亩均匀撒施腐熟动物粪便 4000～5000 千克（可用鸡粪 2～3 米³＋牛马粪 3～5 米³＋硅钙钾镁土壤调理剂 100 千克＋硫酸钾 50 千克＋旺得丰土壤接种剂 500～1000 克，掺混均匀，发酵腐熟），后开挖定植沟。定植沟按南北向，每间隔（行距）160～200 厘米，开挖一条深 80 厘米、宽 60～80 厘米的条沟。需注意，表层 30 厘米的土壤与底层生土分开放在沟岸的两边，回填时只用表层肥土，填满后灌水，沉实后再次用表层肥土回填，将栽植沟修整成高 20～25 厘米、宽 60～80 厘米的龟背形土垄，生土摊平于行间垄沟。后按 30～40 厘米的株距，在土垄中心线处定植，栽植方法同前。栽后在离葡萄植株 20～30 厘米处铺设滴灌管，后覆盖黑色地膜或无纺布，将土垄、地面封闭。

3. 埋设立柱、拉钢丝

水泥柱长 230 厘米，每间隔 3～4 米埋设一根，地下埋深 40～50 厘米，顶端高度一致，南北向、东西向都成直线排列。

每行葡萄须在立柱上拉三道钢丝，第一道距地面高 60 厘米、第二道高 100 厘米、第三道高 140～150 厘米，用紧线机拉紧后再用细铁丝绑缚固着在立柱上。

4. 搭建防雨设施

大田葡萄栽培分篱架和棚架两种栽培方式，其防雨设施应因栽培方式不同而异。棚架栽培须建设大型拱棚或联栋式大棚，篱架栽培用简易的小型避雨棚。

（1）单体大型拱棚 棚宽 8～10 米，长 50～100 米，棚体边柱高 1.8 米，中柱高 2.3～2.5 米，棚顶部呈拱形，只在大棚顶部覆盖防雨透明塑料薄膜，顶部正中最高部位设置 80～100 厘米宽的通风放热带（图 5-12）。如果在大棚的四周和通风带部位设置防虫网，可以起到兼防鸟害、虫害和病害的多重作用，是不喷药或少喷药、实现生态葡萄栽培的有效措施。

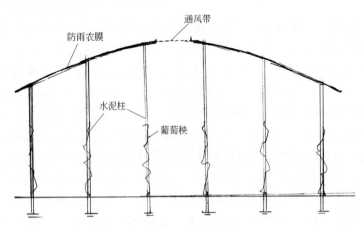

图 5-12　单体大型防雨拱棚示意图

（2）联栋式大棚 是由多个单体棚连接成整体的复合式棚，立柱高全部为 1.8～2.5 米，每四排立柱组成一个单体棚，棚顶部由弓形架焊接组成，拱架外部覆盖避雨农膜，每个单体棚的最高处设置宽 80～100 厘米的通风带（图 5-13）。

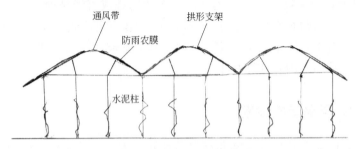

图 5-13　联栋式大棚示意图

（3）篱架式栽培避雨棚 须在每根支柱上部，离顶端 20 厘米处以"＋"字形绑缚或焊接固定长 120 厘米的横木棍或角铁，木棍或角铁呈东西方向，与行向垂直，再在支柱顶端绑缚长 135 厘米的竹片，竹片正中固定在立柱正顶处，两端用铁丝和铁钉固定于木棍或角铁的两端处（图 5-14），两者组合呈弓形或钝角等腰三角形。

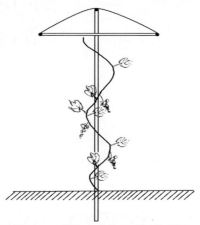

图 5-14　篱架式栽培避雨棚示意图

然后在竹片顶部正中处和距离两端各 30 厘米处分别拉三道细钢丝，钢丝用紧线机拉紧后固定于竹片上。再在横木棍或角铁的两端各固定一道钢制压膜槽，然后在竹片上面覆盖 135～140 厘米宽的农膜，逐段伸展开，用压膜钢丝固定于压膜槽内。结合固定农膜的同时，再在相邻的避雨棚压膜槽处，设置固定防虫网，将其联结成一体。防雨棚四周也应设置防虫网，全面封闭葡萄园，然后在道路入口处设置棚门。棚门需为双层，并用防虫网严密封闭。

大田露地葡萄，实行防雨设施栽培后，植株上雨水淋洒不到，葡萄叶片、果穗、枝蔓、卷须等部位在降雨时不会存有水滴、水膜，可保持干燥无水状态，病菌孢子因缺水难以萌发、侵染，从而大大降低了病害的发生概率。而且实行防雨设施栽培，在棚内葡萄植株防雨的同时，也避开了各种虫害和鸟害的危害，为实现大田露地葡萄的丰产、优质和生态栽培提供了保障。

其肥水管理、修剪、病虫害防治等栽培技术可参考节能日光温室葡萄栽培与大棚葡萄栽培相关技术。

第六章

设施葡萄生态
生产病虫害
综合防治

第一节
设施葡萄生态生产病虫害综合防治的基本原则

目前，在设施葡萄栽培病虫害的防治上，还存在有如下误区：重治轻防，重化学防治措施，轻农业、物理等综合防治措施；在化学防治上只使用新药，而忽视波尔多液与石硫合剂的应用；用药不科学，不问病虫害种类，不管农药性质，采用几种甚至是多种农药混配，并随意提高农药使用浓度。

如按上述这样操作，则结果是不但不能有效地防止病虫害的发生与传播，反而容易对葡萄植株造成不同程度的药害，影响植株正常的生长发育，造成农残超标，引起产量与品质的下降。更为严重的是，如随意使用高残留剧毒农药，污染了果品，污染了环境，还可能给使用者及消费者的身体健康带来严重危害。

为经济有效地防治设施葡萄病虫害，生产绿色、有机果品，必须以"预防为主，综合防治"为基本原则，并且要明确以下几种观点：

（1）安全第一的观点　制定葡萄病虫害防治措施时，首先要明确要生产绿色生态食品，必须保障生产者与消费者的身体健康不受损害，保障人、畜、禽及周围生物的生命安全，保障周围环境及葡萄本身的安全。尤其在进行化学防治时，必须使用对人、畜及有益昆虫无毒或低毒、低残留的药物，严格按照绿色有机生产标准选用农药，严禁使用有关条例规定不允许在果树上使用的农药种类，并且要根据病虫害与寄主、天敌及环境因子之间的相互关系，科学地选用农药种类、使用浓度、配合比例及用药时间，坚决克服盲目滥用农药的现象，把农药残留控制在允许范围之内，以做到最大程度地保障人民的身体健康、保护生态环境安全和维护生态平衡。

（2）**综合防治的观点** 必须明确认识到，各种防治措施以及现行的新技术、新方法都有其优点与局限性，任何方法、再好的农药，都不是万能的，搞"单一防治""农药万能"是不可行的。因此，在制定防治措施时，必须根据葡萄特性、所处的生育阶段、栽培设施的特点及病虫害的种类与发生规律，实行"预防为主、综合防治"的植保方针，把农业、生态、生物、物理、化学等各种防治措施有机地结合起来，互相补充，取长补短，才能有效地控制病虫害的发生与蔓延，使葡萄的病虫害控制在允许范围之内。

（3）**全局与长远观点** 在决定各种防治措施时，不仅要看到当前的实际防治效果，还要看到它对周围环境的影响，对今后的整个生态系统的影响，决不允许只考虑当时的暂时利益，而污染、破坏环境，影响生态平衡。

（4）**铲除与根治的观点** 在设施内栽培葡萄和大田露地环境条件下栽培葡萄不一样，它有其独立的、与外界环境相隔离的生态特点，这就为人们提供了彻底铲除病虫害与杜绝传播的有利条件和机会。因此，在制定防治措施时，要尽可能地做到对病虫害的彻底消灭和杜绝传染，达到根治的效果，以防后患。

第二节
设施葡萄生态生产栽培病虫害综合防治方法

1. 植物检疫与设施封闭隔离

植物检疫是对检疫对象（危险性的病、虫、草害）以法令规定的形式所采取的相应措施，以防止其扩大、蔓延，避免从国外及国内其他省、区传入我国及本省、本地区。植物检疫并非单纯是检疫部门的事情，也是每个公民应该和必须遵循执行的法规。而至今为止，由于棉红铃虫、葡萄根瘤蚜、蚕豆象、豌豆象、马铃薯块茎蛾、甘薯黑斑病、谷斑皮蠹、美国白蛾、埃及列当、美洲斑潜蝇、南美斑潜蝇、草莓叶疫病等危害严重的病虫草害的传入，给我国的农业、林业、果树、蔬菜、花卉、药材等诸多方面的生产，带来了无法估量的巨大损失和无穷的后患。

在地区与地区之间，恶性病、虫、草害的传播蔓延则更为迅速、严重，且频繁发生。例如桃小食心虫、苹果瘤蚜等恶性害虫仅仅十几年，就传遍了全国各苹果产区。

目前，随着商品经济的发展，长途调运种子、苗木、果品等经贸往来频繁进行，这就为病、虫、草害的扩散蔓延提供了机会。为能够有效地控制病虫害的扩散与蔓延，首先必须认真做好动植物的检疫工作，并要结合设施栽培封闭严密、便于隔离的特点，推行严密的防范措施，努力做到以下四点：

① 栽培设施与外界环境尽量隔绝 栽培设施的通风口要用防虫网进行严密细致的封闭，防止因开启风口，给予害虫侵入设施的机会。设施的出入口必须设置双层门，两门之间有 80～100 厘米宽、四壁封闭的缓冲地带，以便于防止出入设施时有害虫进入，如发现害虫，要随即消灭在缓冲带内。操作人员进出设施时，要随手关门，细致检查是否有害虫进入，严防无关人员随便出入设施，并要避免各设施之间的管理人员互相串走、成为病虫害相互传播的媒介，最大限度地减少病虫害的传播。

② 设施通风要尽量避免开启底风口　要从设施顶部或侧上部开口通风，因为开启底风口时，病菌及害虫可随风进入设施，而开启顶风口时，因设施内的热空气上升，可阻挡或减少病菌与害虫的进入。

③ 严格执行检疫手续　尽量避免从异地调拨种子、苗木与果品，特别是要禁止从疫区调入。必须调入时，要加强检疫，认真细致地对调入的种子、苗木进行消毒、杀菌、灭虫。不彻底杀菌灭虫不得播种、栽植，以防其带入检疫性病虫草害。

④ 坚决彻底铲除设施内的病虫害　设施内一旦发生病虫害，要利用设施封闭的特点，坚决彻底铲除之，以防传播蔓延。对已受病虫危害的病株残体，要及时处理，集中深埋或烧掉，禁止随意乱扔乱放，以免为病虫害的传播蔓延提供方便。

2. 农业防治措施

农业防治措施一般不需要额外的费用和用功，不需增加投资，而且其效果持久，对人畜安全，又不会造成对周围环境的任何污染。

（1）深翻改土　深翻能增加活土层，促进根系发育。结合深翻，掺加粗粒沙土，能够改良黏性大、透气性不良土壤的理化性状，增加土壤孔隙度，改善土壤的通气、透水性能，促进根系发达，使葡萄生长健壮。

深翻最好在晚秋初冬进行，利用冬季低温严寒，杀死土壤中的虫卵虫蛹等越冬害虫，冻死草根，预防草害。

（2）增施有益生物菌　有益的生物菌，如枯草芽孢杆菌、放线菌、根瘤菌、木霉菌等，施入土壤和肥料中后会快速繁育，增加土壤中有益菌体数量，提高土壤腐殖质含量，改善通气、透水、保肥、保水等土壤理化性能，使葡萄根系发达、生长健壮，提高其抗逆能力，进而促进植株健壮生长。

（3）增施有机肥　有机肥料的来源多种多样，人、畜、禽粪便，作物秸秆，杂草落叶，沼气渣液，酒糟、醋糟，各种饼肥等，都是良好的有机肥料。有机肥料经过生物菌发酵腐熟后，可用作基肥与追肥。

（4）合理施用化肥 停止速效氮磷肥使用，慎重施用其他速效化肥，应把所需的各种肥料元素，按适宜比例掺混入足量动物粪便中，用生物菌发酵腐熟后再施用。通过生物菌的作用，可将化肥转化成氨基酸态、络合态等有机化合物，这不但利于作物根系的吸收利用，利于土壤团粒结构的生成，优化土壤理化性状，培肥土壤，显著提高土壤保肥、保水性能，还会大大提高各种肥料元素的利用率。

（5）选用优良的抗病品种 葡萄设施栽培，可选用晨香、早霞玫瑰、夏黑无核、峰后、达米娜、紫乳无核、蓝宝石、阳光玫瑰、巨玫瑰等抗病品种，可在不用化学药剂，只用矿物农药、植物农药或较少用药的条件下，明显减轻葡萄病害的发生。

（6）选用无滴消雾塑料薄膜 此措施可以减少滴水、降低设施内空气湿度，抑制病害的发生。

（7）地面覆草与全面积覆盖地膜 如前所述，地面覆草可稳定地温、减少氨气挥发对葡萄植株的危害，覆草也可稳定土壤湿度，利于葡萄根系发育。覆草受潮后发酵，还能提高地温、释放二氧化碳，增强光合效能，这对促进葡萄植株生长发育、提高植株抗性有显著作用。

全面积覆盖地膜，既可提高地温，促进果树根系发育；又能降低设施内空气湿度，抑制真菌、细菌等有害菌类的生长以及孢子萌发、侵染；还可以阻挡土壤中的各种病菌向空气中散发，明显减轻对葡萄茎蔓、叶片及果实的侵染，因此能大大减轻葡萄病害的发生与蔓延。

（8）葡萄行间间作大葱、大蒜或蒜苗 葱蒜类作物能够分泌蒜素类物质，既可以抑制葡萄根结线虫的生长，又能减轻地上部多种病害的发生。

（9）及时剪（摘）除病叶、病枝、病果等 剪（摘）除的病残体及抹芽摘心处理下来的废枝叶等，要埋于室内行中，或封闭发酵沤制成肥料，以做到垃圾零排放。严禁随地乱扔，以免残体上的病菌通过空气气流与操作人员的出入，传入设施内，进行再次侵染为害。摘心、抹芽、摘除病叶、病果等工作应在晴天进行，以利于及时生成愈伤组织，减少病菌从伤口侵染。

（10）果穗套袋　疏果以后，结合套袋，用 100 倍靓果安（或溃腐灵）＋400 倍 1.5％除虫菊素＋400 倍 0.7％苦参碱＋3000 倍有机硅等混合液，装入大型杯子中，全面细致蘸浸果穗与穗柄杀虫灭菌，待药液干后，立即进行果穗套袋，直到采前 2～3 天解袋。这样操作既可提高果品的着色度，又能最大限度地减少病菌、害虫、鸟类、马蜂等侵害果穗与果实，防治果穗、果实的病虫危害及其他伤害。

3. 生态调控防治措施

每种病虫都需要与之生长发育相适应的生态环境，只有当环境条件适宜时，它们才能得以生存和发展。例如，在设施栽培中，危害较为严重的霜霉病、灰霉病、白腐病、黑痘病等，其病菌孢子只能在相对湿度达到 80％～95％时才有可能萌发，病菌孢子萌发和菌丝生长的适宜温度为 15～25℃，低于 10℃、高于 30℃都会受到抑制。只要利用设施封闭的特点，调控设施内温湿度，使室内空气相对湿度低于 80％，晴天日间维持设施内空气温度 30～35℃，夜晚通风降低温湿度，维持夜温在 10～18℃，阴天调控室内空气温度为 10～18℃，避开各种病害侵染、繁殖的适宜环境条件，就可基本控制各种病害的发生，而且还有利于葡萄自身的生长发育，最终提高产品产量和改善品质。

4. 化学防治措施

化学农药虽有其污染环境、破坏生态平衡、产生抗性、成本较高等弊端，但是由于它具有防治对象广泛、防治效果好、速度快，并能进行工业化生产的特点，因此，目前仍然是作物病虫害综合防治中的必不可少的重要措施之一。如果没有化学农药，农作物栽培的高产高效就不可能实现，但是要达到收获绿色、有机产品的目的，则必须严格按照生态生产规范科学用药，确保食品质量安全。为了提高防治效果，做到生态化、规范化生产，在进行化学防治时，须做好以下几项工作：

（1）科学选药，对症下药 在葡萄病虫害防治上，长期的实践经验说明，波尔多液、石硫合剂是防治果树病虫害的优良用药，它们具有成本低、药效期长、长期使用不产生抗药性、基本无污染、较少残留、低毒安全等众多优点，并且是允许有机生产施用、对葡萄的各种病害都有良好防治效果的农药。因此，在组配防治措施时，要以石硫合剂、波尔多液为主要用药，适当配合其他高效、低毒、安全、无污染的农药品种，进行防治。一般在葡萄萌芽时，先喷一次 3～5 波美度石硫合剂＋3000 倍有机硅，以后每间隔 20～30 天，喷一次少量式波尔多液，中间针对葡萄的病虫害发生情况，适当喷洒一些速效、防病、杀虫的植物农药、生物菌农药等，或其他绿色、有机生产允许施用的农药，做到经济有效地防治葡萄病虫害。

（2）喷药要及时、适时，做到防重于治 每种药品都有一定的残效期，例如波尔多液在葡萄发病以前喷洒，几乎对葡萄的各种病害都有良好的防治效果。但是，波尔多液的药效期一般为 20 天左右，两次用药时间最长不能超过 30 天。如果喷药不及时，间隔时间太长，势必给病菌提供可乘之机，极易引起发病，给葡萄造成不应有的损失。

（3）提高喷药质量 喷药要细致周密，不能漏喷，预防给病虫害留有生存之地，让其卷土重来，给葡萄造成更大危害。同时，喷药不能重复喷洒，以免造成用药浓度过高，发生药害。

（4）树干涂抹、叶面喷施"天达-2116"等药液 葡萄萌芽时用"天达能量合剂"20 倍＋溃腐灵 100 倍＋有机硅 3000 倍混合液涂抹枝干，或用 600 倍"天达能量合剂"＋100 倍溃腐灵＋3000 倍有机硅混合液喷洒树体，能显著提高植株的光合性能，提高植株对旱、涝、热、冷、冻、病等灾害的抗逆性，使其能较大程度地适应恶劣的环境条件。实践证明，用"天达能量合剂"与溃腐灵等植物杀菌剂的混合液进行涂干、叶面喷施或灌根，不但能有效地预防冻害、药害、高温危害，提高葡萄的抗病能力，控制真菌、细菌、病毒等引发的多种病害，大幅度降低发病率，减少农药使用量，而且能显著增强光合效能，改善果实品质，增加 20% 左右的产量，使果实提前 3～7 天成熟。

（5）消灭病虫害要做到彻底铲除、不留后患　设施栽培与大田露地栽培不同，它具有封闭严密、与外界环境相对隔绝的特点，只要把设施内的病源、虫源铲除，一般不会再发生该类病虫危害。所以，在防治病虫害时，要做到彻底、干净、坚决铲除、不留后患。例如，在消灭设施内葡萄叶蝉危害时，要在 5～7 天之内，于清晨虫子不太活跃时，用除虫菊酯＋鱼藤酮＋有机硅混合液，连续喷洒两次，或用灭虫烟熏剂熏蒸 2 次，做到设施内不留一个害虫与虫卵。这样，就可在较长的时间内，不再发生此虫危害。

（6）严禁使用剧毒、高毒、高残留和有"三致"（致畸、致癌、致突变）作用的农药　对于有机磷和氨基甲酸酯类农药，如呋喃丹、1605、氧化乐果、甲胺磷、磷铵、久效磷、甲基异柳磷、杀虫脒等农药品种，在果树上禁止使用或不宜使用。也不得施用绿色有机生产不允许施用的农药，彻底避免剧毒、高毒、高残留、三致药品污染果实与周围环境，确保人民的身体健康与生命安全。

5. 物理防治措施

一是在园区四周设置频谱或黑光杀虫灯，晚间开灯诱杀鳞翅目、鞘翅目、膜翅目、同翅目、半翅目等害虫。二是在设施内吊挂黄色、蓝色诱虫、杀虫板，每亩各吊挂黄板、蓝板 30～40 个，及时诱杀白粉虱、蚜虫、斑潜蝇、蓟马等害虫，预防该类害虫发生。三是在设施内设置紫外光杀菌灯，定期或不定期开灯，杀灭病菌，预防各种病害发生。

6. 生物防治措施

培育、释放赤眼蜂、小茧蜂、瓢虫、草蛉等有益天敌昆虫，消灭设施内的天牛、叶螨、斑潜蝇、蓟马、远东盔蚧等害虫。还可以在设施外吊挂性诱激素剂，诱杀相关的鳞翅目害虫。

第三节
设施葡萄主要病虫害的发生与防治

葡萄在设施中栽培，经常发生的病害有葡萄黑痘病、葡萄霜霉病、葡萄房枯病、葡萄白腐病、葡萄灰霉病、葡萄炭疽病、葡萄病毒病等；经常发生的虫害有葡萄二黄斑叶蝉、斑叶蝉、虎天牛、白星金龟子、远东盔蚧等虫害。

1. 葡萄黑痘病

葡萄黑痘病又名鸟眼病或疮痂病，可危害葡萄的叶片、果粒、新梢、卷须、叶柄、穗轴等绿色部分，是一种只危害葡萄不危害其他植物的葡萄专一病害。

（1）发病症状（彩图 6-1） 幼叶感病，叶面上产生针头大小的褐色斑点，病斑扩大后，周围有黄褐色晕圈，并逐渐呈不规则形，病斑中部变浅褐色或灰白色，边缘暗褐色，后期病斑中心组织枯死并脱落，形成空洞。病斑大小较为一致，其直径在 2～4 毫米。

新梢、叶柄、卷须感病，出现圆形或不规则形褐色小斑，后变灰黑色，病斑边缘深褐色或紫褐色，病斑中部凹陷开裂。发病严重时常数个病斑连成一片呈溃疡状，使病梢、卷须因病斑环切而枯死。

幼果感病，初生圆形褐色小斑点，后病斑中央变成灰白色，边缘紫褐色，稍凹陷，似"鸟眼"状，后期病斑硬化或龟裂，病果小，呈畸形，无食用价值。成长果粒感病，果粒仍能增大，病斑无明显凹陷，味酸。空气潮湿时，病斑上产生灰白色黏状物（分生孢子团）。穗轴感病，常使分穗或整穗发育不良，甚至枯死。

（2）病原与发病规律 黑痘病是由半知菌亚门腔菌纲痂圆孢属 *Sphaceloma am pelinum* de Bary. 侵染引起。在露地栽培条件下，黑痘病主要以菌丝体在病残体的溃疡斑内越冬，翌年 5 月份条件适宜时产生分生孢子，借风雨传播到植株的幼嫩部位，此时如有 12 小时的游离水（水滴、水膜），孢子即可萌发进行侵染。该病发病的最适宜温度为 24～26℃以及较高的空气湿度。该病菌主要寄生在植株的幼嫩部位，组织木质化程度越高，抗病性能越强。

葡萄品种之间抗逆性差异很大，一般东方品种抗病性差，西欧品种较抗病，欧美杂交种很少感病。

果园地势低洼，排水不良，通风透光性能差，田间小气候空气湿度高的果园发病重；管理粗放，树势衰弱者发病重；肥力不足或使用氮肥多，植株徒长者发病重，尤其清理果园不彻底者发病更重。

(3) 防治方法　防治葡萄黑痘病必须采取"预防为主、综合防治"的植保方针方能奏效，具体措施如下：

①　彻底清除落叶，细致修剪，剪净卷须、病枝、病果穗，结合施基肥深埋入土，以减少病原。

②　选用无滴消雾膜作设施采光面的覆盖材料，并全面覆盖地膜，降低设施内空气湿度，防止雾气发生，抑制病菌孢子侵染。

③　调节室内的温湿度，室温白天应快速提温至 30℃以上，并尽力维持在 32℃，以高温、低湿抑制病菌侵染。下午 4 点左右开启风口通风排湿，降低室内湿度，使夜温维持在 10～15℃，空气湿度不高于 80%，用低温、低湿抑制病害发生。

④　药剂防治：发芽前地面、植株细致喷布 3～5 波美度石硫合剂＋3000 倍有机硅药液，铲除设施内的病原菌。发芽后每次阴雨变天之前和土壤灌溉之前细致喷布一次杀菌保护剂，或通电启动硫黄熏蒸器，加热硫黄粉蒸发硫黄，利用硫黄蒸气熏蒸杀灭室内病菌害虫。

具体用药可采用 200～240 倍少量式波尔多液，或绿乳铜（800倍液）等。波尔多液应与 200～300 倍溃腐灵（或其他小檗碱类植物农药）等药液交替使用。注意用药时，不可选用同一品种药物连续使用，以免产生耐药性。为提高葡萄的抗逆性与加强防治效果，喷洒非碱性农药时，可掺加 800～1000 倍"天达能量合剂"（或果树专用"天达-2116"）＋6000 倍有机硅＋300 倍硝酸钾＋400 倍硫酸镁＋300 倍葡萄糖酸钙混合液。

⑤ 实行果穗套袋，消除病菌对果穗的危害。套袋之前用直径 20 厘米、高 25 厘米的大型水杯，杯内盛装 100 倍靓果安（或其他小檗碱类农药）＋400 倍 7％苦参碱＋400 倍 1.5％除虫菊素＋3000 倍有机硅等混合液，全面、细致地蘸浸果柄与果穗，待药液干燥后立即套袋，阻隔病菌、害虫危害。

2. 葡萄霜霉病

（1）发病症状（彩图 6-2） 叶片受害，最初在叶面上产生半透明、水渍状、边缘不清晰的小斑点，后逐渐扩大为淡黄色至黄褐色、多角形病斑，大小形状不一，有时数个病斑连在一起，形成黄褐色干枯的大型病斑。空气潮湿时病斑背面产生白色霉状物（病原菌的孢子梗与孢子囊）。后病斑干枯呈褐色，病叶易提早脱落。

嫩梢、卷须、叶柄、花穗梗感病，病斑初为半透明水渍状斑点，后逐渐扩大，病斑呈黄褐色至褐色、稍凹陷，空气湿度大时，病斑上产生较稀疏的白色霉状物，病梢停止生长，扭曲，严重时枯死。

幼果感病，病斑近圆形、呈灰绿色，表面生有白色霉状物，后皱缩脱落，果粒长大后感病，一般不形成霉状物。穗轴感病，会引起部分果穗或整个果穗脱落。

（2）病原与发生规律 葡萄霜霉病是由鞭毛菌亚门卵菌纲霜霉目单轴霉属 *Plasmopara uiticola*（Berk. dt Curtis）Berl. Et de Toni. 侵染所致。

在露地栽培条件下，病菌主要以卵孢子在落叶中越冬，在暖冬地区，附着在芽上和挂在树上的叶片内的菌丝体也能越冬。其卵孢子随腐烂叶片在土壤中能存活 2 年左右。翌年春天，气温达 11℃时，卵孢子在小水滴中萌发，产生芽管，形成孢子囊，孢子囊萌发产生游动孢子，借风雨传播到寄主的绿色组织上，由气孔、水孔侵入，经 7～12 天的潜育期，又产生孢子囊，进行再侵染。孢子囊通常在晚间生成，清晨有露水时进行侵染，没能侵染的孢子囊暴露在阳光下数小时即失去生活力。

空气湿度高、土壤湿度大，利于霜霉病的发生。降雨是引起该病流行的主要因素。

孢子囊形成的适宜温度范围为 13～28℃，最适宜温度为 15℃；孢子囊萌发的温度范围为 5～21℃，最适宜温度范围为 10～15℃；游动孢子萌发的适宜温度范围为 18～24℃。孢子囊的形成、萌发和游动孢子的萌发侵染均需有雨水或露水时才能进行。

不同品种对霜霉病的感病程度不同，欧亚品种群的葡萄易感病，欧美杂交品种较抗病，美洲品种较少感病。果园地势低洼、排水不良，利于发病；氮肥施用量过多，树势过旺，通风透光不良也利于发病。

（3）防治方法 防治葡萄霜霉病必须采取"预防为主、综合防治"的植保方针方能奏效，具体措施如下：

① 彻底清除落叶，细致修剪，剪净卷须、病枝、病果穗，结合施基肥深埋，以减少病原。

② 选用无滴消雾膜作设施采光面的覆盖材料，并全面覆盖地膜，降低棚内空气湿度，防止雾气发生，抑制孢子囊的形成、萌发和游动孢子的萌发侵染。

③ 调节室内的温湿度，特别是在葡萄坐果以后，室温白天应快速提至 30℃以上，并尽力维持在 32℃，以高温低湿抑制孢子囊的形成、萌发和孢子的萌发侵染。下午 4 点左右开启风口通风排湿，降低棚内湿度，使夜温维持在 10～15℃，空气湿度不高于 80%，用低温、低湿抑制孢子囊产生和孢子萌发，控制病害发生。

④ 实行果穗套袋，阻挡病菌、害虫对果穗的侵染危害，方法同黑痘病。

⑤ 药剂防治：发芽前地面、植株细致喷布 3～5 波美度石硫合剂＋3000 倍有机硅药液，铲除设施内的病原菌。发芽后每次阴雨变天之前和土壤灌溉之前细致喷布一次杀菌保护剂。土壤灌溉之前细致喷布 1 次杀菌保护剂。具体用药可采用 200～240 倍少量式波尔多液，或 200～300 倍溃腐灵（或其他小檗碱类农药）。为提高葡萄的抗逆性与增强防治效果，以上药液应掺加 3000～6000 倍有机

硅药液混配交替使用。非碱性农药要掺加 1000 倍果树专用 "天达-2116" 或 "天达能量合剂" ＋400 倍硫酸镁＋300 倍硝酸钾＋300 倍葡萄糖酸钙,进行根外追肥。

3. 葡萄房枯病

葡萄房枯病又名穗枯病、粒枯病,主要危害果粒、果梗及穗轴,发生严重时也能危害叶片。

(1) 发病症状 (彩图 6-3) 发病初期,先在果梗基部产生淡褐色病斑,逐渐扩大后,变为褐色,并且蔓延到果粒与穗轴上,使穗轴萎缩干枯;果粒发病,先以果蒂为中心形成淡褐色同心轮纹状病斑,有时轮纹并不明显,病斑扩展后,果蒂失水皱缩,果粒腐烂变褐色,病斑表面散生黑色小点粒 (分生孢子器),后果粒干缩成灰褐色僵果。病果穗挂在树蔓上可长期不落。叶片发病,先是在叶面上产生红褐色圆形小斑点,后逐渐扩大,病斑边缘呈褐色,中心灰白色,后期病斑中央散生黑色小点粒。

(2) 病原菌与发生规律 房枯病是由子囊菌亚门核菌纲球壳菌目囊孢壳属 *Physalospora baccae* Cavara 侵染所致。病菌以菌丝、分生孢子器和子囊壳在病果或病叶上越冬。在露地栽培条件下,翌年 5~6 月间散发出分生孢子、子囊孢子,借风雨传播到果穗上,进行初次侵染。分生孢子在 24~28℃经 4 小时即能萌发,子囊孢子在 25℃经 5 小时即可萌发。病菌发育的温度范围为 9~40℃,发病最适宜温度范围为 24~28℃。葡萄果穗一般在 7 月份开始发病,果实近成熟期发病较重,高温多雨天气利于该病发生。欧亚种葡萄较易感病,美洲品种葡萄发病较轻。设施栽培葡萄较少发病。

(3) 防治方法 参阅葡萄黑痘病、霜霉病等的防治方法。

4. 葡萄白腐病

葡萄白腐病亦称腐烂病,主要危害果穗 (包括穗轴、果梗及果粒),亦可危害叶片及新梢。

(1) 发病症状 (彩图 6-4) 果穗感病,一般先从接近地面果穗的尖端开始，穗轴和小果梗最易感病，发病初期，产生水浸状、淡褐色、不规则的腐烂病斑，后病部逐渐失水干缩并向果粒蔓延，果蒂部分变为淡褐色，后逐渐扩大呈软腐状，最后全果粒变褐腐烂，果粒形状不变，穗轴、果梗常干枯缢缩；病后一周左右，果面密生一层灰白色小点粒，即病原菌的分生孢子器。发病严重时经常整穗腐烂，受震动时，病穗与病粒极易脱落。病果潮湿时能释放出一种特殊的霉烂味。若在果实上浆前发病，因其糖分含量低，果粒易失水干枯，形成深褐色的僵果，往往挂在树上长久不落。易与房枯病混淆。

新梢发病，多在摘心处和其他受损部位先发生，特别是由土壤中萌发的萌蘖枝最易发病。发病初期，病斑呈水浸状、污绿色或淡褐色的椭圆形斑，后病斑向两端扩展，逐渐变为暗褐色，病斑凹陷，表面密生灰白色小点粒。有时表皮变褐干枯翘起，与木质部组织分离，纵裂呈乱麻状。病害严重时，可使枝蔓枯死或折断，严重影响植株的生长发育。

叶片发病，多在叶缘、叶尖和受损部位发生，先是在叶片边缘或叶尖产生污绿色至黄褐色、不规则形或近圆形病斑，边缘呈水浸状，后逐渐向叶片中部蔓延，并形成深浅相间的同心轮纹，天气潮湿时亦可形成分生孢子器，多产生在叶脉两侧。病叶易破碎。

(2) 病原菌与发生规律　葡萄白腐病是由半知菌亚门白腐盾壳霉属 *Coniothyrium dip-lodiella*（Speg.）Sacc. 侵染引起。病原菌以分生孢子器及菌丝体在病组织上越冬。土壤中的病残体是翌年初次侵染的主要来源。在露地栽培条件下，降雨后分生孢子借助雨溅、风吹和昆虫等传播到当年生枝蔓和果穗上，在有雨水或露水的情况下，分生孢子萌发，通过伤口或自然孔口侵入组织内部，进行初次侵染。以后病斑又产生分生孢子器，散射分生孢子，反复进行再次侵染。

发病率的高低与温度、降雨强度、降雨频率关系密切，降雨次数越多，雨量越大，发病率越高，危害越严重。病菌发育最适宜温度范围为 25～30℃，分生孢子萌发的温度范围为 13～40℃。在24～27℃的环境条件下，分生孢子萌发迅速，空气相对湿度在

92%以上时，病斑扩展快。空气湿度低于92%，温度低于23℃或高于36℃时，病斑扩展缓慢。

结果部位的高低与发病关系密切，一般与地面距离越近的果穗发病越重，离地面距离50厘米以上的果穗较少发病。

品种间抗病性不同，一般欧亚种较易感病，欧美杂交种较抗病。

(3) 防治方法 防治葡萄白腐病必须坚持"预防为主，综合防治"的防治原则才能取得理想的防治效果。

① 细致修剪，剪净病枝蔓、病果穗及病卷须，彻底清除于室（棚）外烧毁或深埋。

② 清扫落叶，并结合施肥，把落叶和表层土壤与肥料掺混深埋于施肥沟底。

③ 选用无滴消雾膜作设施的外覆盖材料，设施内地面全面覆草、盖地膜，降低室（棚）内湿度，抑制病菌孢子萌发，减少侵染；提高地温，促进根系发育，增强树势，提高抗性；阻挡土壤中的残留病菌向空气中散发，降低发病率。

④ 注意调节室（棚）内温湿度，白天使室内温度维持在32~35℃，空气湿度控制在75%左右，夜晚室（棚）内温度维持在10~15℃，空气湿度控制在85%以下，抑制病菌孢子萌发，减缓病菌生长，控制病害的发生与发展。

⑤ 实行果穗套袋，消除病菌、害虫等对果穗的危害。

⑥ 夏季不要撤掉棚膜（可开大顶风口与底风口），以防止病菌借雨水传播，诱发枝蔓、叶片发病。

⑦ 其他防治方法参照葡萄黑痘病、霜霉病等的防治方法。

5. 葡萄灰霉病

葡萄灰霉病主要危害花序、幼果和将要成熟的果实，也可侵染果梗、新梢与幼嫩叶片。过去露地葡萄很少发生，但是目前灰霉病已发展成为葡萄的主要病害，不但危害花序、幼果，并且它已成为储藏、运输、销售期间引起成熟果实腐烂的主要病害，特别是设施栽培葡萄，因棚内湿度高，发生更为严重。

（1）发病症状（彩图 6-5）　花序、幼果感病，先在花梗和小果梗或穗轴上产生淡褐色、水浸状病斑，后病斑变褐色并软腐，空气潮湿时，病斑上可产生鼠灰色霉状物，即病原菌的分生孢子梗与分生孢子。空气干燥时，感病的花序、幼果逐渐失水、萎缩，后干枯脱落，造成大量的落花落果，严重时，可整穗落光。

新梢及幼叶感病，产生淡褐色或红褐色、不规则的病斑，病斑多在靠近叶脉处发生，叶片上有时出现不太明显的轮纹，后期空气潮湿时病斑上也可出现灰色霉层。枝条内不充实的新梢在生长季节后期发病，皮部呈漂白色，有黑色菌核或形成孢子的灰色菌丝块。果实上浆后感病，果面上出现褐色凹陷病斑，扩展后，整个果实腐烂，并先在果皮裂缝处产生灰色孢子堆，后蔓延到整个果实，最后长出灰色霉层。有时在病部可产生黑色菌核或灰色的菌丝块。

（2）病原菌与发生规律　葡萄灰霉病是由半知菌亚门丝孢纲丝孢目葡萄孢属 *Botrytis cinerea* pers. ex Fr. 侵染引起的。该病原菌是一种寄主非常广泛的兼性寄生真菌，它可寄生多种水果、蔬菜与花卉。因此该病菌的侵染源十分广泛。

病菌以菌核、分生孢子及菌丝体随病残组织在土壤中越冬。有些地方，病菌秋天在枝蔓或僵果上形成菌核越冬，也可以菌丝体在树皮和冬眠芽上越冬。菌核和分生孢子抗逆性很强，越冬以后，翌年春天条件适宜时，菌核即可萌发产生新的分生孢子，新老分生孢子通过气流传播到花序上，在有外渗物作营养的条件下，分生孢子很易萌发，通过伤口、自然孔口及幼嫩组织侵入寄主，实现初次侵染。侵染发病后又能产生大量的分生孢子进行再次和多次侵染。

该病发生与温湿度关系密切。分生孢子萌芽的温度范围为 1～30℃，适宜温度为 18～25℃。分生孢子只能在有游离水或至少 90% 以上的相对湿度条件下萌发，在 15～20℃ 的适宜温度下，侵染时间约 15 小时，温度降低，侵染时间延长。

（3）防治方法

① 铲除越冬病源。细致修剪，剪净病枝、病果穗及卷须，清扫落叶，结合施基肥深埋，清除病残体。芽眼萌动时细致喷洒 5 波

美度石硫合剂＋3000倍有机硅消灭越冬病菌。

② 选用无滴消雾膜覆盖设施，设施内地面全面覆盖地膜，并注意通风排湿，降低设施内空气湿度，使空气相对湿度控制在80％以下，抑制孢子萌发，减少侵染。

③ 深翻改土，加深活土层，促进根系发育；增施有机肥料、钾钙等大、中、微量元素肥料；适当减少速效氮素肥料的用量，提高植株本身的抗病能力。

④ 合理密植，科学修剪，适量留枝，合理负载，维持健壮长势，改善田间光照条件，降低小气候的空气湿度。

⑤ 注意排水防涝，严禁暑季田间积水，或地湿沤根，以免诱发植株衰弱，引起病害发生。

⑥ 实行果穗套袋，消除病菌、害虫等对果穗的侵染和危害。

⑦ 发芽前对地面、植株细致喷布3～5波美度石硫合剂＋3000倍有机硅药液，铲除设施内的病原菌。

⑧ 其他防治方法参照葡萄黑痘病、霜霉病等的防治方法。

6. 葡萄炭疽病

葡萄炭疽病又名葡萄晚腐病，除危害葡萄外，还能为害苹果、梨、桃、枣、山楂、柿子、草莓、无花果等多种果树，及部分蔬菜、花卉、林木等植物。

(1) 发病症状 （彩图6-6） 葡萄炭疽病主要危害果实，叶片、新梢、穗轴、卷须上较少发生。果粒上感病，初期幼果表面出现黑色、圆形、蝇粪状斑点，但由于幼果酸度大、果肉坚硬限制了病菌的生长，病斑不扩大，不形成分生孢子，病部只限于表皮。果粒开始着色后，变软，含糖量增高，酸度下降，进入发病盛期。最初在病果表面出现圆形、稍凹陷、浅褐色病斑，病斑表面密生黑色小点粒（分生孢子盘），天气潮湿时，分生孢子盘中可排出绯红色的黏状物（孢子块），后病果逐渐干枯，最后变成僵果。病果粒多不脱落，整穗僵葡萄仍挂在枝蔓上。

叶片感病，主要在叶脉与叶柄上出现长圆形、深褐色斑点，天气潮湿时病斑表面隐约可见绯红色分生孢子块，但不如在果粒上表现明显，新梢病斑很少见。

（2）病原与发病规律 炭疽病是由半知菌亚门盘长孢属（*Gloeosporium fructigenum* Berk）侵染引起的。在露地环境条件下，病菌主要以菌丝体在树体皮层内潜伏越冬，枝蔓节部周围最多。翌年 5、6 月份后，气温回升至 20℃以上时，带菌枝蔓经雨水淋湿后，形成大量孢子。形成孢子的最适宜温度为 25～28℃，12℃以下、36℃以上则不形成孢子。病菌孢子借风雨传播，萌发侵染，病菌通过果皮上的小孔侵入幼果表皮细胞，经过 10～20 天的潜育期便可出现病斑，此为初次侵染。有部分品种病菌侵入幼果后，直至果粒开始成熟时才表现出症状。病菌也可侵入叶片、新梢、卷须等组织内，但不表现病斑，外观看不出异常表现，此为潜伏侵染，这种带菌的新梢将成为下一年的侵染源。葡萄近成熟时，常遇到多雨天气而进入发病盛期。病果可不断地释放分生孢子，反复进行再次侵染，引起病害的流行。

病害流行与环境条件关系密切，多雨高湿、温度适宜是该病流行的主要原因。地势低洼、排水不良、地下水位高、土壤黏重的果园发病较重。发病也与栽培技术有关，管理粗放，清扫果园不彻底，架面上病残体多的果园发病重；株行距过密，留枝量过大，通风透光较差，田间小气候湿度大的果园发病重。发病还与品种有关，一般欧亚种感病重，欧美杂交种较抗病。

（3）防治方法

① 铲除越冬病原。细致修剪，剪净病枝、病果穗及卷须，清扫落叶，结合施基肥深埋，清除病残体。芽眼萌动时细致喷洒 5 波美度石硫合剂＋3000 倍有机硅消灭越冬病菌。

② 选用无滴消雾膜覆盖设施，设施内地面全面覆盖地膜，并注意通风排湿，降低设施内空气湿度，使空气相对湿度控制在80％以下，抑制孢子萌发，减少侵染。

③ 深翻改土，加深活土层，促进根系发育；增施有机肥料、磷肥、钾肥与中微量元素肥料；适当减少速效氮素肥料的用量，提高植株本身的抗病能力。

④ 合理密植，科学修剪，适量留枝，合理负载，维持健壮长势，改善田间光照条件，降低小气候的空气湿度。

⑤ 注意排水防涝，严禁暑季田间积水，或地湿沤根，以免诱发植株衰弱，引起病害发生。

⑥ 实行果穗套袋，消除病菌害虫等对果穗的侵染和危害。

⑦ 生长季节做好喷药保护。每 15～25 天，细致喷布一次 200～240 倍半量式波尔多液，或喷洒 300 倍溃腐灵（或其他小檗碱类植物农药）＋6000 倍有机硅＋1000 倍果树专用天达-2116（或天达能量合剂）＋400 倍硫酸镁＋300 倍硝酸钾＋300 倍葡萄糖酸钙混合液，保护好树体。其他防治方法参考葡萄黑痘病、霜霉病等的防治。

7. 葡萄病毒病的发生与防治

在设施栽培条件下，经常发生的病毒病主要是葡萄扇叶病。

（1）发病症状（彩图 6-7） 病毒的株系不同，被寄生寄主的表现症状不同。

① 扇叶型 由变形病毒株系感染引起，病株生长衰弱、矮化，叶片扭曲变形、皱缩，有时伴有斑驳现象发生，叶形不对称，呈杯状形，叶缘锯齿尖锐。叶片症状多从春天开始发生，进入暑季症状消退。新梢亦变形，分枝不正常、双芽、节间短，有时弯曲。花穗少，穗小，坐果不良，果粒小，成熟不整齐。

② 黄化型 早春病株发芽后呈铬黄色，叶片上出现散生斑驳、坏斑或条斑，严重时全叶黄化。花穗、果粒都较正常小，炎热夏季，新发嫩梢呈正常绿色，老的黄色，患部变为稍带白色或趋向于褪色。

③ 脉带型或称镶脉型 初夏至仲夏，沿主脉及支脉两侧形成一条黄色带状斑，叶形基本正常。

（2）病原 葡萄扇叶病是由线虫传多角体（多面体）病毒组感染引起。病毒自然寄主只限于葡萄，但试验寄主很多，包括有 7 个科 30 种植物。杂色藜、昆诺藜、千日红、黄瓜都是很好的诊断寄主，用汁液接种效果很好。用嫁接接种，须用沙地葡萄圣乔治诊断、鉴别寄主。

扇叶病存留于被病毒感染的植物体和活的残根上，土壤中的剑线虫是主要传播媒介，线虫取食几分钟就可获毒或传毒。长距离传播，主要靠感病的苗木（包括接穗、插条、砧木）调运传播。

(3) 防治方法

① 土壤消毒。定植前，用溴甲烷熏蒸土壤，杀死土壤中的剑线虫，消灭传毒媒介。

② 搞好苗木检疫，选用无毒苗木栽植。

③ 选用对扇叶病毒和剑线虫都具有免疫力的欧亚种、圆叶葡萄种（*V. rotundifolia*）作砧木，嫁接培育葡萄苗木。

④ 化学防治。结合防治真菌性病害用药，掺加 800～1000 倍"天达-2116"＋2000 倍利巴韦林＋3000 倍维生素 C，提高植株抗病毒性能。

如果病毒病已经发生，可用 2000 倍利巴韦林＋3000 倍维生素 C＋150 倍红糖＋300 倍葡萄糖酸钙＋6000 倍有机硅细致喷洒病株，每天一次，连续喷洒 3～5 次，其中有一次须掺加 200 倍溃腐灵（或靓果安），一次掺加 300 倍硫酸锌，一次掺加 800 倍天达-2116＋300 倍硝酸钾，一次掺加 1000 倍裕丰 18＋400 倍硫酸镁，可有效地治愈葡萄病毒病。

第四节
葡萄主要虫害的发生与防治

为害葡萄的虫害多种多样，但在设施栽培条件下，种类并不多，经常发生的主要有葡萄叶蝉、葡萄虎天牛及金龟子等。

为害葡萄的叶蝉有二黄斑叶蝉和葡萄斑叶蝉。

1. 二黄斑叶蝉

(1) 形态特征 成虫体长约 3 毫米，复眼黑色或暗褐色，头部淡黄白色，头顶前缘有 2 个黑褐色小点。前胸背部淡黄色，前缘有 3 个黑褐色小圆点，小盾片淡黄白色，前缘有 2 个黑褐色较大的斑点。前翅表面暗褐色，其后缘各有 2 处近半圆形的淡黄色斑，两翅合拢后形成 2 个近圆形的淡黄色斑纹。若虫末龄体长 1.6 毫米，紫红色，触角、足、体节间、背中线淡黄白色，体略短宽，腹末几节向上方翘起。

(2) 发生规律 葡萄二黄斑叶蝉，在山东每年发生 3～4 代，以成虫在杂草、落叶等隐蔽处越冬。在露地条件下，翌年 3 月间越冬代成虫出蛰，先在发芽早的杂草、花卉等植物上为害，葡萄展叶后转移至葡萄叶片上为害，叶片受害后，叶面上出现失绿白色小斑点，一般先从枝蔓基部叶片开始，逐步向上蔓延。成虫性活泼，上午取食，中午太阳强烈时，静伏于叶背隐蔽处，受惊扰后飞往他处。葡萄开花前后，开始出现第一代若虫，一代成虫发生盛期在 6 月初前后，以后各代相互重叠。末代成虫在 9、10 月间发生，后随气温下降便转移到越冬场所越冬。

(3) 防治方法

① 在设施外设置防虫网，可基本杜绝该虫的为害。

② 若虫发生盛期，用 500 倍 7.5％鱼藤酮＋500 倍 1.5％除虫菊素＋6000 倍有机硅混合液细致喷布叶片，可杀灭成虫及若虫。

2. 葡萄斑叶蝉

(1) 形态特征 成虫体长约 3.3 毫米左右，淡黄白色，复眼黑色，头顶有两个明显的圆形黑斑，前胸背板前缘有几个淡褐色小斑点，中央有暗褐色纵纹。小盾板前缘左右各有一大的三角形黑纹。翅半透明，黄白色，有淡褐色的条纹，翅端部淡褐色。

卵黄白色，长卵圆形稍弯曲，长约 0.5 毫米。若虫初孵化时为白色，末龄若虫体长 2.5 毫米左右，黄白色。

（2）发生规律 在山东每年发生三代，以成虫在葡萄园附近的落叶、杂草、石缝中越冬。翌年春季先在桃树、梨树、樱桃、山楂等植物上为害，葡萄展叶后，转移到葡萄叶片上为害。叶片受害后，叶面出现散生白色小斑点。成虫产卵于叶片背面组织内或绒毛中。在露地条件下，葡萄落花前后，出现第一代若虫，幼果膨大期发生第一代成虫。第一代若虫发生期比较集中，以后世代重叠。7 月份、8 月份和 10 月份为第二代和第三代成虫盛发期。成虫多在叶片背面为害，气温低时活动力不强，气温高时，常在树冠周围飞跳。树冠郁闭、通风不良、杂草丛生的果园发生较严重。

（3）防治方法 同二黄斑叶蝉。

3. 葡萄虎天牛

（1）形态特征 成虫体长约 15 毫米，头部和躯体大部分黑色，前胸背板暗红色，近似球形，表面密生黑色短毛；翅鞘黑色，上面密生细小刻点；鞘翅基部呈 "X" 形黄色斑纹，近末端有一条黄色横纹；腹部腹面有黄白色横纹三条。卵，卵圆形，长约 1 毫米，一端稍尖，乳白色。幼虫末龄体长 17 毫米左右，全体淡黄白色。胴部第 2～9 节的腹面有椭圆形隆起，全体疏生细毛。头小，无足。蛹黄白色，长约 10 毫米左右，复眼为淡红色。

（2）发生规律 每年发生一代，以幼龄幼虫在受害的葡萄枝蔓内越冬。翌年 5 月份开始在枝蔓内蛀食，幼虫老熟后，在被害枝蔓内化蛹，蛹期 7～10 天，6 月底开始出现成虫，7～8 月份为成虫盛发期。成虫产卵于新梢基部芽腋间及芽与叶柄的间隙处，卵散产，每处产卵 1 粒，卵期 5 天左右。卵孵化后，幼虫随即蛀入新梢内，先在皮下纵横为害，后深入髓部纵向取食，其粪便堵塞于虫道内，不排出隧道外。幼虫于 11 月份进入越冬阶段。葡萄虎天牛以为害一年生结果蔓为主，有时亦可为害多年生枝蔓，被害枝蔓节间变褐色，易折断。

(3) 防治方法

① 成虫发生期，注意捕杀成虫。

② 修剪时细致观察，剪净被害枝蔓，并集中烧毁，消灭越冬幼虫。

③ 幼虫发生期注意查找被害枝蔓，寻杀幼虫。

④ 在成虫产卵期，用 500 倍 7.5％鱼藤酮＋600 倍苏云金杆菌＋500 倍 1.5％除虫菊素＋6000 倍有机硅混合液细致喷布杀灭产卵成虫。每 10 天左右一次，连喷 2～3 次。

4. 白星金龟子

在露地条件下，为害葡萄的金龟子种类较多，有东方金龟子、苹毛金龟子、铜绿金龟子、日本金龟子、白星金龟子等多种，但在设施栽培中，主要以白星金龟子为主，其他几种较少为害。

(1) 形态特征 白星金龟子，又名白星花金龟子，成虫体长 17～24 毫米、宽 9～12 毫米，体扁平，体壁厚硬，通体紫褐色或青铜色，有金属光泽，触角深褐色，复眼突出；前胸背板有不规则的白绒斑，翅鞘宽大，近长方形，表面有云片状灰白色斑纹。

(2) 发生规律 白星金龟子一年发生一代，以幼虫在土内或粪肥中越冬，成虫于 5 月上旬开始出现，6～7 月份为发生盛期，成虫白天活动，对糖、酒、醋有较强的趋性，飞翔力较强，有假死性，受触动后落地假死；成虫常多只群集取食成熟的葡萄果穗，或为害留种的蔬菜花和玉米花丝。成虫产卵于土或粪肥中，幼虫（蛴螬）多以腐败物为食。

(3) 防治方法

① 在设施外设置杀虫灯，诱杀出土成虫，设置防虫网，阻挡成虫进入产卵和取食。

② 捕杀成虫，利用成虫的假死性捕杀之。

第五节
设施葡萄生理性不良反应的发生与防治

1. 水罐子病的发生与防治

（1）症状 水罐子病一般于果实近成熟时开始发生。发病时先在穗尖或副穗上发生，严重时全穗发病。有色品种果实着色不正常，颜色暗淡、无光泽，绿色与黄色品种表现水渍状。果实含糖量低，酸度大，含水量多，果肉变软，皮肉极易分离，成一包酸水，用手轻捏，水滴溢出。果梗与果粒之间易产生离层，病果易脱落。

（2）病因 该病是因树体内营养物质不足所引起的生理性病害。结果量过多，摘心过重，有效叶面积小，肥料不足，树势衰弱时发病重；地势低洼，土壤黏重，透气性较差的园片发病较重；氮肥使用过多，缺少磷钾肥、中微肥时发病较重；成熟时土壤湿度大，摘心重、诱发营养生长过旺，新梢萌发量多，引起养分竞争，发病就重；夜温高，特别是高温后遇大雨时发病重。

（3）防治方法

① 注意增施有机肥料、生物菌土壤接种剂及硅钙钾镁土壤调理剂，控制氮肥使用量，加强根外喷施"天达-2116"、硫酸钾、葡萄糖酸钙和硫酸镁等叶面肥，增强树势，提高抗性。

② 适当增加叶面积，适量留果，合理负载，增大叶果比例。

③ 果实近成熟时，加强设施的夜间通风，降低夜温，减少营养物质消耗。

④ 果实近成熟的 15 天内停止追肥与浇水，特别不能追施氮素化肥，注意轻度摘心、及时抹芽。

2. 落花落果症的发生与防治

（1）症状 在开花前一周左右，花蕾大量脱落，落花后子房又大量脱落，落花落果率达 80％以上，造成果粒稀少，称为落花落果症。

（2）病因　葡萄开花前后因受不良环境气候条件的影响，使花蕾不能正常受精而引起大量的落花和落果。例如：花期干旱、温度高于 32℃；开花时既无昆虫又无风，授粉不良；花期土壤水分含量高，新梢旺长造成养分竞争；开花前夕没进行新梢摘心抹芽，幼嫩生长点多，营养生长旺盛；土壤缺硼，影响了花粉的萌发和花粉管的生长，造成受精不良；夜温低于 15℃，影响授粉受精；留枝量过多，导致光照条件恶化等，都可诱发葡萄落花落果现象发生。

（3）防治方法

① 花前半月左右注意适量灌水，花前 3～7 天叶面喷施 600 倍硼砂（或 800～1000 倍速溶硼）＋150 倍红糖＋1000 倍"天达-2116"＋300 倍硝酸钾＋400 倍硫酸镁＋400 倍葡萄糖酸钙＋2000 倍 0.001% 芸苔素内酯混合液，花期控制灌水。

② 果穗伸长后，适时去副穗、掐穗尖，注意及时抹除叶节间的夏芽，花前 1～2 天进行新梢摘心，清除生长点，控制营养生长，促进营养输入中心转向花穗，提高坐果率。

③ 开花期间，调节好设施温度，白天维持在 25～30℃，夜晚维持在 16～20℃，为葡萄花穗授粉受精提供良好环境条件。

④ 开花时设施内放蜂，或在葡萄行间用扇子扇风，促进授粉，提高坐果率。

⑤ 落花后 3～5 天结合喷药，喷洒 1000 倍天达能量合剂（或果树专用型"天达-2116"）＋100 倍红糖＋2000 倍 0.001% 芸苔素内酯＋300 倍硝酸钾＋400 倍硫酸镁＋400 倍葡萄糖酸钙＋6000 倍有机硅混合液。

3. 葡萄裂果的发生与防治

（1）症状　葡萄果实开始上浆前后，果粒纵向开裂，裂果严重时露出种子，亦有少数品种在近果蒂处呈半圆形开裂。裂果发生后，因裂口处易滋生腐生霉菌，诱发果实腐烂变质而失去食用价值。

（2）病因　除葡萄感染白粉病引起裂果之外，葡萄裂果还与下列因素有关：

① 果粒间排列紧密、挤压过甚造成裂果。

② 土壤水分管理失调，如葡萄在幼果迅速膨大期之前土壤缺水干旱，果粒发育不良，果肉细胞少而紧密，果皮老化，果实上浆之后突然大水浇灌或遇雨，果粒骤然吸水，靠近果刷的细胞生理活动加快，吸水膨大，而皮层细胞活动比较缓慢，随着果实膨压的增大，使果粒纵向开裂。

③ 有的品种对土壤水分失调抗逆性较差，如乍娜、凤凰51、里乍马特、红富士等品种较易发生裂果，兴华1号、阳光玫瑰、峰后、信浓乐、京秀、奥古斯特等品种很少裂果。

（3）防治方法

① 选用不易裂果的品种，如阳光玫瑰、京秀等。

② 果粒比较紧密的品种，可在开花前5～10天，用10～25毫克/千克的赤霉素浸泡果穗或喷洒果穗，拉长穗轴；也可以在果穗发育期，提高夜温至16～18℃，拉长穗轴；幼果迅速膨大期以前细致疏果，使果粒保持适宜的密度，防止果粒密度过大，引起挤压而裂果。

③ 落花后3～5天，及时喷洒100倍红糖＋2000倍0.001％芸苔素内酯＋800倍天达能量合剂混合液，促进幼果细胞分裂，增加细胞数量，预防后期幼果膨大时遇雨或灌水而发生裂果。

④ 合理灌水，落花后7～10天和幼果迅速膨大期，注意土壤灌水，保持土壤湿度，果实上浆后适当控制土壤灌水，严防大水漫灌。

⑤ 地面覆草，并加覆薄膜或无纺布，保持土壤水分均衡。

⑥ 幼果迅速膨大期，结合喷药及时喷洒600～1000倍"天达-2116"或800倍天达能量合剂，可有效预防裂果现象发生。

第六节
设施葡萄缺素症的发生与防治

葡萄在整个生命过程中，需要多种营养元素，其中需要量比较多的元素有：氧（O）、氢（H）、碳（C）、氮（N）、磷（P）、钾

（K）、钙（Ca）、镁（Mg）、硫（S）等，称为大中量元素。另外，对硼（B）、铁（Fe）、锰（Mn）、锌（Zn）、铜（Cu）、钴（Co）等元素，需要量虽然少，但是这些元素对葡萄的生长发育有很大而又不可取代的作用，这类元素称之为微量元素。除碳、氢、氧须经光合作用获取外，其他各种元素主要由根系从土壤中吸收到植物体内，也可经叶面追肥获取。由于土壤管理及栽培技术等因素的原因，一些园片或设施中的葡萄，常常出现不同程度的营养缺乏现象，统称为缺素症。

在葡萄上经常出现的缺素症有：缺锌、缺铁、缺硼、缺钾、缺镁等症，有时亦出现缺氮、缺磷、缺钙、缺锰等症，但在设施栽培中极少发生。

1. 葡萄缺锌症

（1）症状（彩图 6-8） 葡萄缺锌的症状因品种及缺乏程度不同而异，夏初新梢旺盛生长时，常见叶片有斑驳出现，新梢和副梢生长量小，叶片稍弯曲，叶肉褪绿，叶脉浓绿，叶片基部裂片发育不良，无锯齿或少锯齿，叶柄洼较浅，有些品种有波状边缘。

缺锌还严重影响坐果和果粒的正常生长，多表现为果穗散乱，果粒较正常少，果粒大小不一，"豆粒"果多，称之为"老少三辈"。

（2）病因与发生规律 缺锌多发生在沙滩地、盐碱地及瘠薄的山岭果园。去掉表土的果园亦易发生缺锌现象。据研究报道，葡萄对锌的需求量很少，每公顷约需 555 克。但是土壤中的锌绝大多数都被磷固定处于固化状态，特别是使用磷肥较多的土地，土壤中的锌可与磷酸根结合生成不溶性磷酸锌，不能被根系吸收而表现缺锌。因此单纯依靠土壤施肥难以解决缺锌问题。

（3）防治方法

① 结合整地，土壤撒施"保得"土壤生物接种剂，每亩施用 500～1000 克，或土壤增施生物菌有机肥，每亩施用 200～300 千克，增加土壤中有益菌群，抑制有害菌群发生，释放土壤中已被固定的锌、钙、镁等肥料元素，提高土壤肥力，预防缺锌等生理缺素

症发生。同时，通过生物菌的作用，会促进土壤团粒结构生成，改善土壤理化性能，提高土壤的通透性，促进植株根系发达，提高其吸肥能力，预防缺素症发生。

② 增施有机肥。有机肥料施入土壤后，经土壤微生物作用，可转化成腐殖质，利于形成团粒结构，土壤的团粒结构带有负电荷，可吸附土壤溶液中的锌离子（Zn^{2+}），使之不被固定。同时，有机肥料中也含有较多的锌，能被葡萄根系吸收，而不会缺锌。

③ 葡萄伤流期至冬芽萌动前，枝蔓喷施 30～50 倍天达能量合剂（或天达-2116）＋100 倍硫酸锌＋3000 倍有机硅混合液，以提高葡萄植株抗逆性能和根系的吸收能力，促进植株对锌的吸收。

④ 葡萄发芽后至长出果穗之前，叶面喷施 600～1000 倍"天达-2116"（或 800 倍天达能量合剂）＋400 倍硫酸锌液；开花之前 2～3 周结合防病，喷洒碱性硫酸锌，配制方法为：在 100 千克水中，加入 480 克硫酸锌（含锌 36%）和 360 克生石灰，搅拌均匀。注意加入生石灰是作安全剂使用，以免发生药害。

2. 葡萄缺铁症

(1) 症状（彩图 6-9）　葡萄缺铁症主要表现在刚刚发出的嫩梢上。新梢先端叶片呈鲜黄色，叶脉两侧呈绿色脉带。严重时，叶片变成黄白色或淡黄色，然后叶尖、叶缘出现不规则的坏死斑。受害新梢生长量小，花穗变黄色，坐果率低，有时花蕾全部脱落，果粒小。

(2) 病因与发生规律　铁是叶绿素的重要成分，它在植物体内能促进多种酶的活性，土壤中铁元素缺乏时，会影响植物体的生长发育和叶绿素的形成，发生缺铁性黄叶病。因铁元素在植物体内不能转移，所以缺铁症首先表现在新梢的幼嫩部分。

土壤中可吸收铁的含量不足，原因有多方面。首先，最主要的原因是土壤的 pH 过高，土壤溶液呈碱性反应，以氧化过程为主，从而土壤中的铁离子（Fe^{2+}）发生沉淀、固定，不能被根系吸收而缺乏。第二，施肥不当，大量施用氮磷钾三个等量复合肥或二铵，土壤中铁元素被磷酸根固化，诱发缺铁。第三，土壤条件不佳，如土壤黏重、排水不良，春天地温低又持续时间长，均能影响葡萄根系对铁元素的吸收。第四，树龄过大、树体老化、结果量过多，亦可影响根系对铁元素的吸收，引起发病。

（3）防治方法

① 土壤施用免深耕处理剂，每亩施用 200 克，改善土壤理化性能、提高通透性；增施有机肥料，降低土壤溶液的 pH 值。

② 葡萄发芽前，每株沟施或穴施 30～50 克硫酸亚铁＋500 克生物菌有机肥，硫酸亚铁必须掺混入有机肥中发酵后使用，方有效果。

③ 葡萄嫩叶刚刚开始黄化时，叶面细致喷布 1000 倍"天达-2116"＋0.2%～0.3%硫酸亚铁＋0.15%柠檬酸混合药液，间隔 7～10 天再喷一次，连续喷洒 2～3 次。

④ 结合整地土壤撒施"保得"等土壤生物菌接种剂，每亩土地施用 500～1000 克，或增施生物菌有机肥 150～200 千克/亩，增加土壤中有益菌群，抑制有害菌群发生，释放土壤中被固定的铁等肥料元素，提高土壤肥力，预防缺铁症发生。

3. 葡萄缺硼症

（1）症状（彩图 6-10）　缺硼先是出现在春天刚抽生的新梢上。新梢生长缓慢，节间短，两节之间有一定的角度，有时节间肿胀，后坏死。新梢上部叶片有油渍状斑点，梢尖枯死，附近的卷须呈黑色，有时花序干枯。在植株生长的中后期，表现基部叶片发黄，并向叶背翻卷，叶肉常表现褪绿坏死。缺硼还影响花粉管发育，降低坐果率，果穗变小，果粒呈扁圆形，大小不整齐，"豆粒"现象严重。根系短而粗，有时膨大呈瘤状，有纵向开裂现象。因缺硼严重程度不同，可能只有部分植株或枝条、果穗出现以上现象。

（2）病因与发生规律　此症因缺硼引起，硼能促进植物细胞的分化、调节碳水化合物的代谢。葡萄缺硼，使其细胞不能正常分化和完全形成，从而限制了各器官的正常生长和发育，严重影响花粉的萌发和花粉管的发育，坐果率大大降低。硼在植物体中不能从老叶转移至幼嫩部位，所以症状最早发生在幼嫩组织上。

一般土壤瘠薄、有机质含量低及酸性土壤易表现缺硼，而碱性土壤很少发生。土壤干旱时可影响葡萄对硼的吸收，灌溉次数多、水量大、雨水过大又可引起硼的流失，所以都能发生缺硼症状。

（3）防治方法

① 土壤增施有机肥料和硼肥，施用免深耕处理剂，每亩土地200克，改善土壤理化性能、提高土壤的通透性。

② 花前3周和花前1周，结合用药，叶面喷施1000倍"天达-2116"＋0.2%～0.3%硼砂（或1000倍速溶硼）＋100倍糖液，不但可缓解缺硼症状的发生，而且可提高坐果率、减少落花落果。

③ 结合整地，土壤撒施生物菌有机肥150～200千克/亩，或"保得"等土壤生物菌接种剂500～1000克/亩，增加土壤中有益菌群，抑制有害菌群发生，释放土壤中被固定的硼等肥料元素，提高土壤肥力，预防缺硼症发生。

4. 葡萄缺钾症

（1）症状（彩图6-11）　新梢生长初期，表现枝蔓纤细、节间长、叶薄色浅，后基部叶片叶脉间叶肉变黄，叶缘出现黄褐色干枯的坏死斑，并逐渐向叶脉中间蔓延。有时整个叶片出现干边，并向上翻卷，叶片凹凸不平，叶肉由黄变褐、干枯。直接见光的老叶有时呈紫褐色。严重缺钾的植株，花序少、果穗小，果粒大小不均匀，且粒小、着色不匀。

（2）病因与发生规律　由缺钾引起，钾元素是植物体中的大量元素，葡萄是喜钾植物，对钾的需求量较多，接近或高于氮的需求量。钾主要存在于植物体的幼嫩器官如芽和叶片中，钾在葡萄体内处于游离状态，它影响着体内60多种酶的活性，对光合作用、碳水化合物的合成、运输、转化等多种生理活动起着重要的作用。植株一旦缺钾，其光合作用等各种生理活动受阻，造成过量的硝态氮积累，引起烧叶，使叶肉出现坏死和发生叶缘变干现象。

缺钾主要表现在土质黏重、有机质含量低、土壤溶液 pH 值较低的酸性瘠薄土壤上。果实负载量大时，钾多向果实集中，其他器官，特别是靠近果穗的叶片表现更为突出。另外，土壤中施用氮肥过多，葡萄植株营养生长过旺，需钾量增多，更易表现缺钾。而且土壤中存有过多的氮元素还会抑制根系对钾元素的吸收，诱发葡萄植株缺钾。

（3）防治方法

① 土壤施用免深耕处理剂，每亩施用 200 克，改善土壤理化性能、提高通透性。增施有机肥料与钾肥，注意氮、磷、钾三元素的配合比例，使三者比例维持在 $N：P_2O_5：K_2O＝1：0.4：1.2$，适当控制氮肥的用量，不施用或严禁速效性氮肥一次性使用量超过 10 千克/亩。

② 土壤追肥：葡萄落花后，对钾的需求量增加，可在幼果长至豆粒大时，结合灌溉，每亩追施硫酸钾 20～30 千克＋生物菌有机肥 200 千克，或草木灰 50 千克＋生物菌有机肥 200 千克。

③ 叶面喷肥：在生长季节喷施 2％草木灰浸出液或 0.4％硫酸钾液。

④ 结合整地，土壤增施有机肥 2000～3000 千克/亩，撒施"保得"土壤生物接种剂，每亩施用 500～1000 克，或每亩撒施生物菌有机肥 200 千克，增加土壤有机质与有益菌群，抑制有害菌群发生，释放土壤中被固定的肥料元素，提高土壤肥力。

5. 葡萄缺镁症

（1）症状（彩图 6-12）　缺镁症多发生于果实膨大期，先是植株基部与果穗附近的老叶叶脉间褪绿，后从叶片内部向叶脉间发展成带状黄化斑，黄化逐渐加重，最后叶肉组织变褐坏死，仅剩下叶脉还保持绿色。坏死的褐色斑与绿色的叶脉界限分明。缺镁植株，果实成熟期推迟，果粒着色较差，糖分含量低，品质明显下降。

（2）病因与发生规律　由缺镁引起，镁元素是植物叶绿素的组成成分之一，镁还能促进某些酶的活性，是植物进行光合作用所必需的元素之一。镁在植物体内可以流动，其含量不足时，可由老的组织流向幼嫩组织。因此缺镁一般在生长的中后期发生，植株基部的叶片，先表现失绿症状，后逐渐扩大到上部叶片。土壤施用氮磷钾三个等量复合肥或使用磷酸二铵，会因磷素猛然增加，固化土壤中的可溶性镁元素，诱发缺镁。缺镁多发生在淤土或黏土地，以及有机质含量较低、活土层浅的瘠薄土壤，也发生在碳酸钙含量高的土壤和轻微盐碱地。

（3）防治方法

① 土壤施用免深耕处理剂，每亩施用 200 克，改善土壤理化性能、提高通透性。增施有机肥料，改良土壤，增强树势。

② 叶面喷施 1000 倍"天达-2116"（或天达能量合剂）＋0.3％硫酸镁，连喷 3～5 次。

③ 土壤增施硫酸镁，落花后 10 天左右，结合灌溉，开沟每亩撒施腐熟动物粪便 500～1000 千克＋硫酸镁 10～20 千克。须注意，二者必须掺混均匀发酵腐熟后方可施用。

④ 结合整地，土壤撒施"保得"土壤生物接种剂，每亩施用 500～1000 克，增施生物菌有机肥 200 千克/亩，增加土壤中有益菌群，抑制有害菌群发生，释放土壤中被固定的镁、钙等肥料元素，提高土壤肥力，预防缺镁症发生。

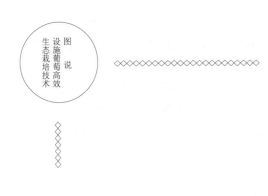

第七章

设施葡萄生态生产的科学施肥和科学灌溉

图　说

设施葡萄高效生态栽培技术

第一节
科学施肥

　　自 20 世纪 50 年代，我国开始学习西方国家，广泛、频繁地使用各种化学农药，大力推广人造化学肥料，走向化学农业之路。在当时农业生产力水平很低的情况下，化学农药的使用为我国粮食、棉花、油料等各种农产品的迅速增产，以及解决国民的温饱问题发挥了重大作用。但是，随着时间的推移，化学农业逐渐暴露出众多弊端，它破坏了生态平衡，污染了生态环境，造成农产品的全面污染，最终将会损害了人类的身体健康。

　　近年来，农业面源污染越来越受到人们的重视。农业面源污染（ANPSP）是指在农业生产活动中，农田中的泥沙、营养盐、农药及其他污染物，在降水或灌溉过程中，通过农田地表径流、壤中流、农田排水和地下渗漏，进入水体与土壤而形成的面源污染。这些污染物主要来源于农田施肥、农药、畜禽及水产养殖等。农业面源污染是最为重要且分布最为广泛的面源污染之一，农业生产活动中的氮素和磷素等营养物、农药以及其他有机或无机污染物，通过农田地表径流和农田渗漏形成地表和地下水环境污染。土壤中未被作物吸收或土壤固定的氮和磷通过人为或自然途径进入水体是引起水体污染的一个因素。

我国是全球最大的化肥生产国和消费国之一，行业集中度高，尿素产量严重过剩，产能利用率只有 78%，磷肥产能利用率为 69%。总体来说，我国的化肥利用率仅为 30% 左右，而发达国家化肥利用率在 50%～60%，欧盟国家的氮肥利用率高达 70%～80%，以色列化肥利用率更是达到 90%。究其原因，一方面是肥料生产技术的原因，另一方面也有肥料使用方法问题，技术水平不高或使用方法不当均会造成肥料资源浪费、环境污染、农产品污染、品质下降等问题。只有把有机肥利用起来，才能把化肥用量降低，生产成本也才会随之降下来。从国外的经验看，欧盟、北美、亚洲、中东部分发达国家的化肥施用量都呈现先快速增长达到峰值后保持稳中有降或持续下降的趋势，而后逐步走上了减肥增效、高产高效的可持续发展之路。

针对于此，国家将农业面源污染防治工作摆上了农业农村经济发展的突出位置，相继出台了《关于打好农业面源污染防治攻坚战的实施意见》《重点流域农业面源污染综合治理示范工程建设规划（2016—2020 年）》《到 2020 年化肥使用量零增长行动方案》等规范性文件，实施绿色发展行动，全面开展农业生态环境保护工作，紧盯农业绿色发展的重点环节和关键领域，着力解决农业环境的突出问题，打好农业农村污染治理攻坚战。其主要任务有：持续开展农村人居环境整治行动，减少化肥使用量，合理布局水产养殖空间，就地就近消纳利用畜禽养殖废弃物等。

1. 提高土壤腐殖质含量

可以从以下两方面进行规划。首先是要了解土壤腐殖质对农业生产的作用，包括腐殖质具有黏结性能，可以促进土壤团粒结构形成，改善土壤理化性状。

腐殖质在土壤中呈胶体状态，它带有大量的负电荷，能吸附土壤溶液中的阳离子，预防肥料元素流失。若土壤中存有较多的腐殖质，可显著提高土壤的保肥能力，减少肥料的流失。

腐殖质在土壤溶液中具有缓冲性能，能够调节土壤溶液的pH值。

腐殖质还能不断分解、释放二氧化碳和氮、磷、钾等矿质元素，这对促进植物的光合作用、提高光合效能有着特别积极的意义。

其次是施用有益的生物菌，生物菌在繁育增殖过程中会吸收土壤和肥料中的各种元素，将其变成自身的菌体。部分生物菌还具有固氮作用，能直接从空气中获取游离态氮，供应作物生长发育所需。

生物菌繁育增殖的同时会释放大量的抗生素、氨基酸、生长素、酶类等高能营养物质，这些物质能刺激葡萄根系生长，促进根系发达，能显著抑制和杀灭土壤中有害的真菌、细菌与病毒，并能不同程度地消灭土壤根结线虫，从而减少土传病害发生，促进葡萄植株生长发育。生物菌在不断的更新过程中，新菌大量发生，老菌不断死亡，死亡的菌体会转变为腐殖质，优化土壤，改良土壤，促进作物根系发达、健壮生长。

2. 施用有机肥

有机肥料的来源多种多样，有机肥料经过生物菌发酵腐熟后，都可用做基肥与追肥。

3. 科学施用化学肥料

（1）**施用化学肥料的误区**　长期以来，在土壤施肥方面，人们习惯于重化肥、轻有机肥，重氮磷素肥、轻钾钙镁等大中微量元素肥料，施肥方法上是直接把大量的速效化学肥料直接撒施于土壤中，特别是广泛地、频繁地施用氮磷钾三个等量复合肥（所谓平衡肥），造成了土壤氮磷严重超量。

① 葡萄和绝大多数植物一样，对氮、磷、钾的吸收比例，基本上是 3∶1∶3，大量施用氮、磷、钾三个等量复合肥，必然造成

肥料元素比例失调。特别是磷素肥料施入土壤后，是以磷酸根（PO_4^{3-}）形式存在，如果磷素严重超量，磷酸根会快速地和土壤中的各种可溶性金属离子如钙、镁、铁、锌、锰、铜等离子结合，生成不溶性磷酸盐类，这些磷酸盐既不能挥发，又不会被雨水、灌溉水淋溶，从而长期保存在土壤中，诱发土壤酸化、土壤盐渍化、土壤板结，破坏土壤可耕性，造成土壤缺钙、缺镁、缺铁、缺锌等生理性缺素症，破坏了土壤与生态环境，这将会严重影响、危害作物正常的生长发育和开花结果。

② 速效氮用量过多，还会相对提高葡萄植株体内硝酸盐与亚硝酸盐含量，特别是增加了葡萄果实中此类物质的含量。亚硝酸盐有强烈的致癌作用，会对人体健康带来严重危害。再者，氮素含量高，还会诱发植株徒长，降低葡萄植株的抗性，利于病害发生，造成果实品质及贮运性能显著下降。

（2）化学肥料施用注意事项

① 施肥要在增施有机肥以及钾、钙、镁肥与微肥的同时，尽量减少或停止使用速效氮磷肥，这样既可提高葡萄植株的抗性，减少病害发生，又能降低成本、减少用工，改善果实品质，实现环境生态化、产品有机化。

② 慎重施用氮磷钾复合肥，特别是氮磷钾含量相等的平衡肥，不得把速效化肥直接撒入土壤。要把所需的适量化肥掺混入动物粪便，再掺加生物菌发酵腐熟后再施用。如此操作可把速效可溶性、易流失的各种肥料元素，通过生物菌的作用，转化成氨基酸态、络合态的小分子有机化合物，这不但利于作物根系的吸收利用，利于土壤团粒结构的生成，优化土壤理化性状，培肥土壤，还能够显著提高保肥保水性能，大大提高各种肥料元素的利用率。

4. 改良施肥方法

进行施肥操作时，要把含有病菌、虫害、杂草的地表土壤与肥料掺混均匀后填入施肥沟（穴）的底部，把从施肥沟内挖出的不含病菌、虫害的底土撒在地表。这样做，既可提高土壤肥力，又能消除土壤中病菌、害虫、杂草对葡萄植株的损伤，大大减少葡萄病虫害的发生、减少杂草危害。

设施生态葡萄栽培的具体施肥办法，须根据设施葡萄生态栽培技术中的不同栽培模式以及葡萄生长不同生育期的施肥方法执行。

实践证明，农业必须实行种植、养殖生态结合的生态循环模式，要制定相应政策，鼓励农民家庭养牛、养羊、养鹅、养鸡等，促进畜禽业发展，为粮食、蔬菜、果品等种植业提供更多的有机肥料，尽快走出只能依靠化学农业的认知，优化土壤，改良生态环境，实现食品安全，形成良性循环，为保障农业丰收、环境生态与人民身体健康做出贡献。

 第二节
科学灌溉

水是生命之源，缺水任何生命都难以生存，但水分过多也会诱发水涝灾害，引起土壤板结、缺氧，抑制植物根系呼吸作用，降低根系生理活性，制约作物自身的生长发育乃至开花结实，还会造成肥料大量流失、污染环境等。

作物的根系生长在土壤中，它不但能固着土壤，从土壤中吸收水分和各种肥料元素，满足作物生长发育所必需，它还是植物最为重要的营养合成器官之一，植物的绝大多数高能营养物质，如各种氨基酸、蛋白质、各种酶类物质、核糖核酸等都是在根系内合成的。因此，要获取高产优质，根系必须发达。

葡萄等一些果树，在自然状态下，年降雨量达 500～700 毫米，基本能满足其生长发育的需求，不需灌溉，也能保障其正常的生长发育、开花结果，并获取丰收。即便是在极度少雨干旱的年景下，适度少量灌溉 1～2 次，依然可获取高产、优质、高效益。

1. 过度灌溉的负面作用

据考察，一般露天栽培葡萄，多数果园年灌溉 5～8 次，多者达 12 次之多，而设施葡萄栽培灌溉次数大多超过 8 次，多者达 15 次之多。

葡萄等果树灌溉，除越冬水能熟化土壤、改良土壤，提高土壤通透性、促进土壤团粒结构生成外，其他所有的浇水，虽然能够为植物提供水分供应，但浇水的同时也会造成土壤板结、诱发土壤缺氧、抑制根系呼吸、降低根系活性、限制根系发展等诸多弊端。如果灌溉次数过多、水量过大，其负面影响会更为突出，主要表现如下：

（1）造成肥料浪费 灌溉次数越多、浇水量越大，土壤肥料流失越严重，肥料浪费量就越大。同时流失的肥料渗入地下，会污染地下水，造成肥料的面源污染，破坏生态平衡，进一步威胁人民的身体健康。

（2）破坏土壤结构 过度灌溉，不但会造成土壤肥力退化，破坏土体结构、导致土壤板结，而且会引起地下水位上升，诱发土壤返碱，对栽培植物造成更大的伤害。

（3）制约根系生长和植株发育 灌溉过多，土壤含水量增加，会引起土壤含氧量下降，降低根系活性，制约根系发育，限制根系向深层土壤和远处地面发展，发根限制在树盘之内、25 厘米厚的表层土壤中，30 厘米以下深层土壤内几乎没有活根，树盘以外极少有根系生长。

植株根系生长受限，大大制约了根系正常的生理活性，扎根浅、发根量少，必然导致头重脚轻，地上枝条旺长，消耗过多的储备营养，影响花芽分化与开花结果，并且会造成葡萄等果树植株不耐风、不抗旱，遇到风雨天气容易倒伏，遇到干旱天气必须灌溉，不灌溉就会导致黄叶、落叶，影响花芽分化、开花结果与果实生长。这样年复一年，形成恶性循环，不但投资大、用工多，而且树体老化快、寿命短，果实品质差，经济效益低下。

实践也证明，如果灌溉次数过多（如露地栽培超过 3 次、设施栽培超过 5 次）、灌溉量过大、灌溉方法不当，必然给树体造成伤害，更为严重的是，葡萄园积水 24 小时就会诱发植株死亡。

（4）提高设施内空气湿度、诱发病害 只要浇水，就会提高土壤与空气湿度，但是如果操作不当，引起设施内空气湿度大幅度提高，甚至达到饱和状态，就会诱发各种病害，进而给栽培植物造成更大损害。

2. 实施科学的灌溉方法

只有遵循科学的灌溉原则，才能保证植株生长健壮、正常开花结实。科学灌溉就是根据植物需水特性、生育阶段以及气候和土壤条件，做到适时、适量、合理灌溉。

实践验明，不灌溉或极少灌溉（年灌溉不超过3次）的露天果园，根系向土壤深层下扎、向树冠外远处发展，扎根深、发根远，发根数量显著增多，根系发达。其主根群分布在30～60厘米处，发根范围超过树冠外围，是树冠半径的2～3倍，甚至更远。这样的葡萄植株根系，即便是遇到干旱甚至严重干旱的气候，30厘米以下的深层湿润土壤，也能够保证树体正常的生长发育与开花结果。

(1) 浇好越冬水　越冬水灌溉时间应在土壤开始结冻时进行，选择白天灌溉，这样水能够顺利地渗入土壤内，夜晚土壤冻结、膨胀。膨胀的冻土层会增强土壤表层的封闭性能，既能减少表层水分蒸发损耗，又可抑制水分向更深层渗漏，提高土壤保水、保肥性能。此时期灌溉恰到好处，可以进行大水量灌溉。翌年春季土壤解冻时，土壤会更加疏松透气，优化土壤理化性状。因此，越冬水对改良优化土壤作用非常明显，每年必须浇灌。

(2) 严格控制生长季节灌溉次数　除越冬水、伸蔓水、幼果迅速膨大水适时适量浇灌之外，其他各个物候期，只要叶片在中午高温时不发生萎蔫现象，不得灌溉。这样做会减轻土壤板结程度，土壤透气性能好，提高根系的生理活性，促进根系向深层湿润土壤发展以及向更远处延伸，扎根深、发根广而远，根系发达、根深叶茂、根多果丰。

如果天气过于干旱，可在落花后7～10天或幼果迅速膨大期，结合追肥适量灌溉。设施栽培可在开花前10～15天、落花后7～

10 天、幼果迅速膨大期，结合追肥适量灌溉。其他时间段应严格控水。

（3）结合追肥进行灌溉　在生长季灌溉，要结合土壤追肥进行，并且要适当减少土壤追肥的次数，改为叶面追肥，尽量减少施肥和灌溉对土壤的负面影响。追肥和灌溉的方法、时间，按照设施葡萄生态栽培技术中不同栽培模式以及葡萄生长不同生育期的土壤施肥方法执行。

（4）选择适宜灌溉时间　浇水须在晴天清晨进行，10 点以前结束，严禁阴天或中午以后进行灌溉。因为 10 点以前土壤温度低（13～18℃），灌溉后不会引起地温大幅度下降。

（5）改良灌溉方式　葡萄灌溉的目的之一是通过浇水引导根系向外延伸、向深层土壤扩展。禁止进行树盘根际灌溉，不能在根际附近铺设滴灌管滴灌土壤。应实行高 30 厘米左右、宽 100 厘米左右的龟背形土垄栽培，在两条高垄的行间沟内中心线处铺设滴灌管滴灌，或在沟内进行沟灌，吸引根系向深层土壤及向行间远处发展。

也可以选择在土壤底层进行渗灌，栽植葡萄时结合开沟，在沟底部铺设农膜，膜上铺设渗灌管，管的周围铺设 10 厘米宽、3 厘米厚的小石子，石子正上面铺设一条 8 厘米宽的农膜，后填入肥土，栽植葡萄。灌溉时通过渗灌管浇灌，水分通过石子层渗入土壤，经土壤毛管渗灌土壤。采用渗灌方法灌溉，能维持土壤疏松透气，土壤水气比例适宜，还可节约水肥 50％左右。

（6）合理灌溉量　每次灌溉量不宜过多，每亩浇灌 5～8 米^{3}的水量即可，以免导致灌溉水与地下水对接，诱发土壤返碱、肥料流失、土壤板结，并造成土壤缺氧，制约根系发展与降低根系的生理活性。

（7）保证灌溉用水温度　最好用室内前沿塑料薄膜管中的温水、井水或者温室内其他储存水灌溉。冬季水温低，除井水外，其他水温都在 0～4℃之间，这样低温度的水浇灌葡萄，会引起地温急剧下降，伤害葡萄根系，甚至引起冷害、冻害现象发生。而井水温度稳定，即便在严冬季节，其温度仍可达到 15℃左右。用这种温度的水浇灌葡萄，不会引起地温明显下降。用前沿薄膜管内的水浇灌葡萄，管内水温可达 20℃左右，不但不会降低土壤温度，还会提高土壤温度，利于根系发育。

运用这些措施对葡萄植株进行灌溉，能够增强根系的生理活性，促进根系发达，保持植株健壮生长；能节省投资、减少用工、节约肥水；还可预防枝条旺长，改善树体风光条件，提高光合效能，促进花芽分化与果实膨大，优化果实品质，并能显著减少病害与裂果现象发生。

附录 1

农药的科学使用与配制

使用化学农药防治病虫草害，促进作物生长发育，是农业生产的重要技术措施。如果没有化学农药，蔬菜、果树、粮食、棉花、油料、茶桑、药材、花卉、林木等各项生产的高产、稳产、高效实际上是不可能的。因此，学会科学准确地使用农药是每个种植者必须具备的基本功。

1. 注意事项

（1）准确选择用药：首先要针对作物发生的病虫害种类，选用对其防治效果优良的农药品种，同时还要注意所选农药对作物安全无药害，或基本无药害，对人畜毒性小或基本无毒，对生态环境无污染或基本无污染的农药品种。例如，防治蚜虫、白粉虱、美洲斑潜蝇等害虫，可选用除虫菊素、鱼藤酮、苦参碱、烟碱、阿维菌素、啶虫脒、吡虫啉等药剂。

防治螨类、飞虱、木虱、介壳虫等害虫可选用阿维菌素、啶虫胀、阿维柴油乳剂、石硫合剂等药剂。

防治鳞翅目害虫，应选用白僵菌、苏云金杆菌、杀螟杆菌等菌制剂或灭幼脲、虫酰肼、阿维菌素、除虫菊素、鱼藤酮、苦参碱、烟碱等药剂。

防治疫病、霜霉病、灰霉病、菌核病、白粉病、锈病、叶霉病、枯萎病、根腐病、黄萎病、猝倒病、立枯病、炭疽病、褐斑病、灰斑病等真菌性病害，应选用溃腐灵、靓果安等小檗碱类植物农药，或硫酸铜、络氨铜、氢氧化铜、波尔多液、石硫合剂、硫黄粉等矿物农药。

防治角斑、穿孔、缘枯、叶枯、青枯、溃疡、髓部坏死病等细菌性病害，可用百痢停、春雷霉素、多抗霉素、氟哌酸等生物及生物菌杀细菌性药，或多宁、克杀得、络氨铜、氢氧化铜、波尔多液等矿物农药，或大蒜油、青枯立克、溃腐灵、靓果安等植物农药。

防治病毒性病害，应选用天达裕丰、病毒一喷绝、消菌灵、病毒 A、菌毒清、植病灵等抗病毒药或利巴韦林、维生素 C 等人用、兽用抗病毒药剂。

（2）用药要适时、及时，要在病虫害预防期与初发期使用，真正做到防重于治，以免病虫有可乘之机，造成危害。

（3）喷药要细致、周密、不漏喷、不重复喷，以免防治不彻底，引起病虫害再度发展或造成药害。

（4）交替使用农药，切勿一种或几种农药混配连续使用，以免使病虫害产生抗药性，降低防治效果。

（5）阴雨天气要用烟雾剂熏烟或粉尘剂喷粉防治。不可使用水剂喷洒，以防湿度提高，为病害发生提供有利条件。

（6）农药使用浓度要合理，既要保障作物安全，不发生药害，又能有效地消灭病虫草害，严禁不经试验随意提高使用浓度，结果会导致既增加了防治成本，又易引起药害，造成经济损失。

（7）喷药时应配合"天达-2116"共同使用，以利提高农药活性，增强药效，减少农药使用量，提高防治效果。

（8）配制农药须掺加有机硅，降低药剂表面张力，增强药剂展着性、渗透性、内吸性和传导性能，提高药剂的耐雨水冲刷性能，降低农药用量，增强药剂效果。

（9）配制农药须用洁净中性水，不可用碱性水配制药剂，不可用刚刚取出的井水配制农药，如用井水需要事先晒水，提高水温，增加其含氧量，方可用于配制药剂。操作时须先用少量水把药剂配制成母液，再徐徐兑水充分搅拌均匀方能喷洒。

2. 农药浓度与稀释方法

稀释农药时，经常使用以下农药浓度表示方法。

（1）百分浓度表示法　是指一百份药剂中含有多少份药剂的有效成分。例如40％超微多菌灵，是指药剂中含有40％的原药。再如配制0.1％的速克灵＋2,4-D药液蘸番茄花，以提高坐果率，是指药液中含有0.1％的速克灵原药。用50％的速克灵原药配制500克0.1％的药液，需用量计算公式如下：

使用浓度×使用药量＝原药质量×原药百分含量

计算如下：原药质量＝0.1％×500克÷50％＝1克

所以，称取1克50％速克灵，加入499克水中，搅拌均匀，即为0.1％的速克灵药液。

（2）倍数浓度表示法　这是喷洒农药时经常采用的一种表示方法。所谓××倍，是指水的用量为药品用量的××倍。配制时，可用下列公式计算：

使用倍数×药品量＝稀释后的药液量

例如配制25千克3000倍恶霉灵药液，需用恶霉灵药粉约8.3克。计算步骤如下。

3000×药品量＝25千克

药品量＝25千克÷3000＝0.0083333千克

0.0083333千克×1000克/千克＝8.3333克

附录2
石硫合剂的熬制与使用方法

石灰硫黄合剂，简称石硫合剂，是用生石灰、硫黄和水熬制加工而成的一种红褐色或琥珀色、半透明的碱性液体，易溶于水，遇酸易分解，具有强烈的硫化氢臭味。其主要成分为多硫化钙（CaS_5，CaS_4，CaS_3），其性质不稳定，易被空气中的氧气和二氧化碳氧化分解，在阳光下和高温条件下分解更快。石硫合剂对人、畜低毒，对皮肤有强烈的腐蚀性，对眼、鼻有刺激性，对衣服、铜铁等器皿有腐蚀作用。

石硫合剂具有杀菌、杀螨及杀虫三重作用，药效期长而稳定，长期使用不产生抗药性。它喷到植物体上，能在植物体表面形成药膜，保护植物不受病菌侵染，是果树、蔬菜、花卉、药材及多种农作物的良好杀菌、杀虫保护剂。在葡萄冬芽萌动尚未吐绿时，使用3～5波美度药液防治葡萄黑痘、霜霉、白粉、炭疽、毛毡等病害及介壳虫类、螨类效果良好。如果与100倍的五氯酚钠混合使用，其防治范围更广、效果更佳，是一种良好的铲除剂。

（1）熬制方法

① 原料配比 生石灰 1.2～1.3 份，硫黄 2 份，水 15～20 份（小锅 18～20 份，大锅 15～16 份）。

生石灰要选用含杂质少的优质石灰块；硫黄要选用比较纯净的、经细箩筛过的硫黄粉，粉粒越细小越好；水要选用硬度较低的井水或河水。

② 操作方法 用两口大锅作连通灶，先在前后 2 个锅内各加入定量清水，加热。再把定量的硫黄粉倒入瓷盆内，用锅中温水调和成糊状（无干粉，呈粥状）。待锅内清水温度加热至 80～85℃时，将硫黄粉糊倒入锅内，轻轻搅拌至锅内硫黄浆均匀。待锅内水温加热至 95℃左右时（锅内硫黄浆开始起小水泡），把称量好的生石灰块由锅边缘轻轻放入锅内热浆中，锅中浆液开始沸腾。待生石灰反应完后，用竹扫帚轻搅锅底，如锅内有石头块，可再加入与石块等量的生石灰。后大火加热，维持锅中浆液一直处于沸腾状态。如果发生沸锅，可用竹扫帚轻轻搅拌防止药液沸出锅外。

从锅内药液沸腾开始，熬制 40 分钟左右（小锅 35～40 分钟、大锅 40～45 分钟），锅内药液由橙黄色变为红褐色（酱油色），并显油纹，取一滴药液滴入冷水中，药液迅速散开，即表明反应完毕，应立即将锅内药液舀入瓷缸内降温存放。然后继续熬制下一锅。该方法是笔者在单县园艺场时，经多次实验获得，它具有省工、省火、熬制速度快、药液浓度高、数量多的优点。

（2）使用方法 出锅后的药液为石硫合剂原液，须加水稀释后方能使用。稀释方法如下：

待药液冷凉后，先用密度计测量药液密度，然后依据使用浓度用公式（加水倍数＝原液浓度÷使用浓度－1）计算加水倍数。例如，熬制的石硫合剂原液浓度为25波美度，喷药使用浓度为5波美度，计算得出加水倍数为4（25÷5－1＝4）。即配制5波美度的石硫合剂药液，每500克25波美度原液需加入2000克水。配制0.5波美度的石硫合剂药液，则500克25波美度的原液，需加水24500克（25÷0.5－1＝49）。

（3）注意事项

① 熬制石硫合剂时不要用新铁锅，储藏石硫合剂不能用金属器皿，存放时要密闭，并在药液表面加上柴油与空气隔绝，防止氧化。

② 石硫合剂对葡萄敏感，只能在发芽前或冬芽开始萌动、尚未吐绿时使用，葡萄发芽后不可使用，以免发生药害。

③ 在生长季节，用于其他作物时，注意选晴天喷药，气温高于30℃后，要停止喷药，在植物生长季节必须低浓度（0.1～0.3波美度）喷洒，以防发生药害。

④ 喷药时注意保护好皮肤和眼睛。

⑤ 喷药用过的器皿要及时洗刷干净，以免腐蚀、损坏。

附录3
波尔多液的配制与使用技术

波尔多液具有毒性小（对人、畜基本无毒）、价格低、使用安全方便、防治病害范围广等特点。它对绝大多数真菌性病害和细菌性病害都有较好的防治效果，且长期使用不产生抗药性。它黏着力强，使用后不易被雨水冲刷掉，药效持久。自问世以来，久用不衰，使用范围越来越广，不但是葡萄、苹果、梨等多种果树防治病害的最常用药，也是蔬菜、花卉、药材及各种农作物防病的常用药。因此，学会正确的配制、使用波尔多液，防治各种作物病害的技术，是每个农业技术工作者、果农及菜农的基本技能之一。

(1) 波尔多液的配制 波尔多液是用硫酸铜（蓝矾）、生石灰（氧化钙）和水配制而成。

具体配制时因生石灰和水的用量不同，可以配制成不同量式、不同倍数的波尔多液，供不同种类的作物在不同季节选择使用。

量式，是指生石灰与蓝矾的比例，分为少量式、等量式、倍量式、多量式等类型。倍数是指水与蓝矾的比例，可从几十倍到几百倍。参见附表3-1。

附表 3-1　不同量式、不同倍数波尔多液的配制用料数量

单位：千克

量式	原料				
	硫酸铜	生石灰（CaO）	水		
			50～160 倍	200～240 倍	300～400 倍
少量式	1	0.5～0.7	50～160	200～240	300～400
等量式	1	1	50～160	200～240	300～400
倍量式	1	2	50～160	200～240	300～400
多量式	1	3～5	50～160	200～240	300～400

正确的配制方法有两种：

① 先把配药的总用水量平均分为 2 份，1 份用于溶解硫酸铜，制成硫酸铜水溶液，备用；1 份用于溶解生石灰，可先用少量热水浸泡生石灰让其吸水反应，生成氢氧化钙（成泥状），然后再把配制好的石灰泥加入剩余的水中，配制成石灰乳（氢氧化钙水溶液），并过滤去渣备用。

两种药液配制完成后不必立即兑制，可在容器内暂时封存，待喷药时现兑现用。配药时把两种等量药液同时徐徐倒入喷雾器内或另一容器内，边倒药液边搅拌，搅匀后使用。

② 用10％的水配制石灰乳，制成氢氧化钙水溶液，用90％的水溶解硫酸铜，制成硫酸铜水溶液，2种药液暂时存放备用。喷药时须现配现用，按比例（10％）先把1份石灰水溶液倒入喷雾器内或另一容器内，再按比例（90％）把9份硫酸铜水溶液徐徐倒入喷雾器中的石灰水溶液中，边倒药液边搅拌，搅拌均匀后使用。

需注意，因配制波尔多液必须在碱性条件下进行反应，倒药液时，不可搞错次序，必须把硫酸铜水溶液倒入石灰水溶液中，不能把石灰水溶液向硫酸铜水溶液内倒，否则配制的药液会随即沉淀、失效。

（2）波尔多液的使用　不同种类的作物，在不同的发育阶段，对石灰和硫酸铜的敏感程度不同，须选用不同量式、不同倍数的波尔多液。在葡萄上使用，因葡萄对石灰比较敏感，须选用少量式（也叫半量式）波尔多液。一般在葡萄开花以前不使用，落花以后开始喷洒，每15～20天一次，前期用220～240倍，中期用200～220倍，后期用180～200倍。在苹果、梨等果树上，于幼果膨大期后使用，先是用200～240倍倍量式波尔多液，中后期用160～200倍多量式波尔多液。柿子、核桃等果树对硫酸铜敏感，多用300～400倍多量式波尔多液。桃、李、杏、梅等核果类果树对波尔多液过于敏感，一般生长季节不使用，若确需使用时，须配制300倍以上的多量式波尔多液。在蔬菜上使用，黄瓜用少量式波尔多液，西瓜等瓜类用等量式波尔多液，番茄（西红柿）等茄果类亦多用等量式波尔多液。

（3）注意事项

① 要选晴天、微风或小风天气喷药，严禁雨天、雾天和湿度较高的阴天喷药，以防药液喷到作物上后，不能及时干燥，引起烧叶现象发生。

② 波尔多液不可与石硫合剂等含硫制剂混用，二者在同一作物上使用，须间隔半月以上。

③ 波尔多液是强碱性药液，不能与在碱性条件下发生反应的药品混用，以免药品分解、变质失效。

④ 波尔多液不可与磷酸二氢钾等含磷酸根离子的叶面肥混用，

以免铜离子和磷酸根离子发生反应，生成磷酸铜，沉淀失效。

⑤ 波尔多液须现兑现用，以免药液配制后，存放时间过长，氢氧化铜沉淀而影响药效。

⑥ 喷药时，要做到细致周密，使叶片正反两面、枝蔓、果实都均匀着药，以提高防治效果。

⑦ 溶解硫酸铜和存放药液均不可使用铁、铝等金属容器，以免腐蚀损坏。

附录 4
主要粪肥、饼肥、作物秸秆的氮、磷、钾含量

单位：%

名　称	状态	氮（N）	磷（P_2O_5）	钾（K_2O）
人粪	鲜物	1.00	0.5	0.37
人尿	鲜物	0.50	0.13	0.19
猪粪	鲜物	0.60	0.45	0.50
猪尿	鲜物	0.30	0.13	0.20
马粪	鲜物	0.50	0.35	0.30
马尿	鲜物	1.20	微量	1.50
牛粪	鲜物	0.30	0.25	0.10
牛尿	鲜物	0.80	微量	1.40
羊粪	鲜物	0.75	0.60	0.30
羊尿	鲜物	1.40	0.50	2.20
鸡粪	鲜物	1.63	1.54	0.85
厩肥	鲜物	0.87	1.14	1.82
粪干	风干物	0.75～1.80	0.89～1.87	0.69～1.21
大豆饼	块状	7.00	1.32	2.13
花生饼	块状	6.32	1.17	1.34
棉籽饼	块状	3.41	1.63	0.97

名 称	状态	氮（N）	磷（P_2O_5）	钾（K_2O）
棉仁饼	块状	5.80	2.50	1.25
芝麻饼	风干物	5.80	3.00	1.30
小麦茎秆	风干物	0.50	0.20	0.60
玉米茎秆	风干物	0.50	0.40	1.60
大豆茎秆	风干物	1.30	0.30	0.50

参考
文献

［1］　河北农业大学．果树栽培学：各论．北京：农业出版社，1980.

［2］　北京农业大学．植物生理学．北京：农业出版社，1980.

［3］　吕忠恕．果树生理．上海：上海科学技术出版社，1982.

［4］　孙培博，谭世廷．图说设施葡萄标准化栽培技术．北京：化学工业出版
社，2014.

［5］　赵静芳．巨峰葡萄优质栽培与保鲜技术．济南：济南出版社，1992.

［6］　李知行，等．葡萄病虫害防治．北京：金盾出版社，2007.

［7］　温秀云．葡萄79种病虫害防治．北京：中国农业出版社，1999.

［8］　汪景彦．棚室果树生产技术．北京：中国劳动社会保障出版社，2000.

［9］　赵胜建．葡萄优良品种及生产试验品种简解．河北果树，2000（增刊）.

［10］　吕佩珂，等．中国果树病虫原色图谱．北京：华夏出版社，1993.

［11］　NY/T 2379—2013 葡萄苗木繁育技术规程.

［12］　NY/T 5088 无公害食品 鲜食葡萄生产技术规程.

［13］　房经贵，王军．葡萄科学与实践300问．北京：化学工业出版社，2021.

［14］　房经贵．图解设施葡萄高产栽培修剪与病虫害防治．北京：化学工业出版
社，2018.